Hermine Hackl

Von der Kunst Bäume zu pflanzen

Hermine Hackl

VON DER KUNST BÄUME ZU PFLANZEN

Wie Nachhaltigkeit in der Praxis gelingt

20 Beispiele

Mit Baumsamen für den eigenen Garten

Tyrolia-Verlag · Innsbruck-Wien

PEFC zertifiziert
Das Papier dieses Produktes stammt aus nachhaltig bewirtschafteten Wäldern und kontrollierten Quellen
www.pefc.at
PEFC/06-39-10

CLIMATEAUSTRIA
Klimaneutral gedruckt

Bibliografische Information Der Deutschen Nationalbibliothek
Die Deutsche Nationalbibliothek verzeichnet diese Publikation in der Deutschen Nationalbibliografie; detaillierte bibliografische Daten sind im Internet über http://dnb.d-nb.de abrufbar.

2. Auflage 2014

Umschlaggestaltung und Layout: Tyrolia-Verlag, Innsbruck
Umschlagfoto: sunny studio (www.shutterstock.com)
Abbildungen: Wenn nicht anders angegeben, wurden die Bilder von den betreffenden Personen zur Verfügung gestellt.
Druck und Bindung: Grasl Druck, Bad Vöslau
ISBN 978-3-7022-3394-5 (gedrucktes Buch)
ISBN 978-3-7022-3395-2 (E-Book)
E-Mail: buchverlag@tyrolia.at
Internet: www.tyrolia-verlag.at

„Der Sinn des Lebens besteht darin,
Bäume zu pflanzen, unter deren Schatten
man nicht mehr selber sitzen wird.“

Nelson Henderson

INHALTSVERZEICHNIS

VORWORT

An jenem Tag, als ich zur sicheren Erkenntnis gekommen war, dass es absolut unmöglich ist, das Thema Nachhaltigkeit vollständig zu erfassen, habe ich mich hingesetzt und angefangen, dieses Buch zu schreiben. Seit vielen Jahren werde ich von diesem Thema regelrecht verfolgt. Ständig schwanke ich zwischen Ärger und blanker Verblüffung, wenn es um die Verwendung dieses Wortes geht. Nachhaltigkeit ist wohl eines der meist gebrauchten, vielleicht sogar am meisten missbrauchten Begriffe unserer Zeit geworden. Manchmal empfinde ich es sogar als Geburt – besser Missgeburt – einer Gutmenschen-Generation, die nicht einmal in Ansätzen dazu bereit scheint, sich mit den Wurzeln dieser genialen Lebenshaltung auseinanderzusetzen.

Ja, Nachhaltigkeit ist eine Lebenshaltung, ein gesellschaftspolitisches Prinzip, das dazu angetan wäre, diese Welt auf allen Ebenen um so vieles besser zu machen. Das Prinzip der Nachhaltigkeit ist definitiv zu schade dafür, als einlullendes Modewort an den Pranger der Eitelkeiten gestellt zu werden. Es gibt Unternehmen, die sich eigene Nachhaltigkeitsbeauftragte oder sogar ganze Nachhaltigkeitsabteilungen leisten. Dagegen ist absolut nichts einzuwenden. Doch dabei darf es nicht bleiben. Denn Nachhaltigkeit darf nicht nur laut schreiend zu

Markte getragen werden. Nachhaltigkeit geht uns alle an. Jeden einzelnen von uns. Sie kann nur gelingen, wenn wir alle – jeder in seiner aktuellen Lebenssituation – unseren konkreten Beitrag leisten. Gleichzeitig ist kaum jemand von uns in der Lage, Nachhaltigkeit in jeder Faser zu erklären. Das hängt wohl auch damit zusammen, dass Nachhaltigkeit mehr „getan" als „besprochen" werden muss, dass wir sie sogar „spüren" können müssen. Intellektuelle Spiele sind zu wenig, das Festklammern an Facts and Figures führt in eine Sackgasse. Das Erfassen und Beschreiben von Fakten ist ein wichtiger Schritt. Es schärft das Bewusstsein für dieses sagenhaft geniale Prinzip, aber das ist nur ein erster Schritt.

Dieses kleine Buch soll dazu beitragen, das Prinzip der Nachhaltigkeit aus der Kopflastigkeit zu befreien und – mit einem freundlichen Augenzwinkern – zu einer wahren Herzensangelegenheit zu machen. Nachhaltigkeit ist ein leises Prinzip. Es will gelebt und nicht in die Welt hinausgebrüllt werden. Nachhaltigkeit braucht ein hohes Maß an Ehrlichkeit und Wahrhaftigkeit – zu sich selber und zu den anderen, eine ruhige, besonnene Innenschau. Es verlangt eine flexible Zukunftsorientiertheit und die Bereitschaft, sich selber und seine Bedürfnisse zurückzunehmen. Denn Nachhaltigkeit ist ein zutiefst unegoistisches Prinzip – ohne zu verlangen, seine eigenen Bedürfnisse und Wünsche gänzlich hintanzuhalten.

Ein Leben, ein Werk, ein Projekt kann dann als gelungen bezeichnet werden, wenn Ökologie, Ökonomie, Soziales und auch Kulturelles miteinander im Einklang stehen. Alle diese Säulen haben ihre Berechtigung, keine darf sich prahlerisch in den Vordergrund drängen. Deshalb gilt auch für die Nachhaltigkeit: Nur wenn alle vier Säulen einer Halle gleich stark und gleich hoch sind, kann das Dach darauf vertrauen, nicht eines Tages einzubrechen. Je mehr Säulen ein Dach tragen, umso stabiler ist die Konstruktion. Dieses Bild kann auch auf die Natur und überhaupt auf alle Bereiche des Lebens umgelegt werden. Ein Ökosystem, das sich auf viele Arten stützen kann, wird bei weitem stabiler sein als Monokulturen. Wer viele gute Freunde hat, wird in schweren Zeiten leichter eine Schulter zum Verweilen finden. Wer sein Vermögen auf unterschiedliche Bereiche aufgeteilt hat, wird einer wirtschaftlichen Krise eher trotzen. Nicht Eintönigkeit und Monotonie sind gefragt, sondern gelebte Vielfalt: im Tun, im Denken, im Handeln.

Liebe Leserin, lieber Leser, vielleicht ist Nachhaltigkeit ja jenes Lebensprinzip, das dazu angetan ist, diese Welt zu retten – falls das einmal nötig ist. Dafür notwendig ist allerdings, dass wir eher gestern als morgen *alle* damit anfangen und zwar nicht beim jeweils anderen, sondern ausschließlich jeder bei sich selbst. Dabei dürfen wir nicht die ganz normale Bodenhaftung verlieren. Mit bunter Sozialromantik kommen wir auch nicht weiter. Es geht darum, selber „anzupacken", Eigen-Verantwortung und Verantwortung für unser Gegenüber zu übernehmen und nicht auf andere abzuschieben. Es geht darum, Mut zu beweisen und Mut zu spenden. In erster Linie geht es darum, sich selber zu hinterfragen. Auch ich tue das.

Die Kapitel in diesem Buch sollen Menschen vor den Vorhang holen, die diese Herausforderung bereits angenommen und damit Erfolg haben. Vielleicht sind sie sich gar nicht bewusst, dass sie einen wertvollen Beitrag zu gelebter Nachhaltigkeit geleistet haben, und vielleicht ist es ihnen auch egal, das zu erfahren. Sie sind einfach glücklich und haben andere glücklich gemacht. Jeder einzelne von ihnen ist aber auch der lebende Beweis dafür, dass es jedem Menschen in so gut wie jeder Lebenssituation mit dem entsprechenden Willen möglich ist, seinen ganz persönlichen Beitrag zu mehr Nachhaltigkeit zu leisten. Deswegen finden sich in diesem Buch auch Menschen aus allen Alters-, Bildungs- und Gesellschaftsschichten. Da spricht ein katholischer Priester genauso zu uns wie eine Bäuerin, wir begegnen einem Fischmeister aus dem Waldviertel wie auch einem Fürst aus uraltem Adelsgeschlecht, selbst Politiker kommen zu Wort, die ihre ganz eigenen Wege gegangen sind, und Menschen, die sich sozialen Diensten verschrieben haben und neue, mutige und innovative Wege gegangen sind. Aber auch die Lebensgeschichten und Ideen historischer Persönlichkeiten wie dem „Retter des Wienerwaldes“, Josef Schöffel, oder dem „Erfinder der Nachhaltigkeit“, Carl von Carlowitz, werden unter die Lupe genommen und auf die Nachhaltigkeit ihrer Aktivitäten abgeklopft. Die Auswahl der Lebensgeschichten beruht auf ganz subjektiven Kriterien. Basis dafür waren persönliche Begegnungen, Gespräche und Beobachtungen. Die grundlegenden „Nachhaltigkeits-Erkenntnisse“ aus diesen Gesprächen finden sich zusammengefasst im Anschluss an die Menschenbilder.

Die Seiten in diesem Buch bieten Gedanken und Anregungen und erheben keinen Anspruch auf die letztgültige Wahrheit. Zur Nachhaltigkeit gehört wohl auch, Fragen zu stellen, die andere beantworten, und Wege zu eröffnen, die andere zu Ende gehen. Einen großen Wunsch aber habe ich schon: Mögen die Überlegungen und Lebensgeschichten in diesem Buch dazu beitragen, den etwas erstarrten Begriff Nachhaltigkeit weiterzuentwickeln und mit Leben zu füllen. Nachhaltigkeit ist mir ein Herzensanliegen, und das möge sie auch für andere werden.

Hermine Hackl

ÖKOLOGIE

ÜBER WALD UND FLUR MIT GEORG GRABHERR

Nachhaltigkeit = Der Natur ihre Ordnung lassen

Es war die Zeit, als das Waldsterben und der dazugehörige „saure Regen“ ziemlich große Besorgniskreise in der Welt zog. Manche Naturschutzorganisationen versuchten, den Weltuntergang herbeizureden, die Forstleute warfen sich in eine Art Dauerverteidigungsposition oder schwiegen streckenweise gänzlich, und das angstgebeutelte Volk verlangte nach fundierten Antworten und nach Lösungen. In dieser Situation wagte es Professor Georg Grabherr, *der* Naturschutzprofessor der Nation, eine Studie zu starten, die die Hemerobie, also die Natürlichkeit der heimischen Wälder untersuchen sollte. Die Aufregung darob war groß, besonders unter den Forstleuten. Heimlich ballte man die Fäuste. Einer aus der Naturschutzszene, der sich über den geliebten Wald Gedanken macht? Ja, darf denn der das überhaupt?

Er durfte und tat. Was am Ende der Studie herauskam, belegte wissenschaftlich, dass es um den Wald in Österreich gar nicht so schlecht bestellt war und dass die generationenübergreifende, naturnahe Waldwirtschaft der heimischen Forstleute einen wesentlichen Teil zu diesem

– im Vergleich zu anderen Ländern – ausgezeichneten Befund beigetragen hatte. Die Fäuste entspannten sich. Entsprechende Gesetze wurden geschaffen, die zu einer deutlichen Verbesserung der Situation beitrugen. Das Waldsterben geriet allmählich in Vergessenheit. Manchmal flammt es hie und da noch kurz auf – Bedrohungsszenarien bringen immer gute Schlagzeilen. Aber Dauerhiobsbotschaften haben einen starken Abnutzungseffekt und schmälern das Vertrauenskonto der Nachrichtenempfänger. Dieser Mechanismus funktioniert von Mal zu Mal immer schlechter.

Georg Grabherr, hoch dekoriert mit unzähligen wissenschaftlichen Auszeichnungen und nicht zuletzt auch Österreichs „Wissenschaftler des Jahres 2012“, ist deshalb davon überzeugt, dass die Debatte rund um das Waldsterben der Wissenschaft und dem Ansehen der Wissenschaftler langfristig ernstlichen Schaden zugefügt hat. Die meisten Prognosen hätten sich nicht bewahrheitet. Das ist mit einem Blick hinaus in den Wald leicht verifizierbar.

Forschung hätte die Aufgabe, den Dingen auf den Grund zu gehen, für Phänomene und Entwicklungen eine fundierte Erklärung zu suchen und zu finden. Der Erklärung folge die Aufklärung, die einhergehen müsse mit konkreten Handlungsempfehlungen und Lösungsansätzen. Diese „nützliche“ Seite der Wissenschaften sei nicht minder zu achten. In Abwandlung des PR-Grundsatzes „Tue Gutes und rede darüber“ müsste es für die Wissenschaft heißen: „Erforsche die Wahrheit und teile sie mit.“ Die Wissenschaft müsse heraus aus dem Elfenbeinturm und habe die Aufgabe, „begründete Zuversicht zur

Lösbarkeit von Problemen zu vermitteln". Dabei dürften niemals Hypothesen als die absolute und einzige Wahrheit oder als finale Erkenntnis kommuniziert werden. Ein Wissenschaftler müsse sich diesbezüglich „beherrschen" können. Die Unterscheidung zwischen Hypothese und absoluter Erkenntnis ist für den Laien nur schwer erkennbar und führt oft zu Fehleinschätzungen. Beim Erkennen der Fehleinschätzung aber schwindet das Vertrauen und nutzt sich ab.

Interessant für einen Wissenschaftler ist auch Grabherrs Erkenntnis, dass es manchmal eben keine Erkenntnis, keine Erklärung gebe. An dieser Stelle sei der Punkt gekommen, an dem Bescheidenheit und Demut gefragt sind, weil manches Erkenntnisstreben an der menschlichen Begrenztheit scheitert. Ein Beispiel gefällig? Ein Mammutbaum kann bis zu 4000 Jahre alt werden. Den Lebenszyklus eines solchen Gewächses bis ins Detail zu studieren, ist für einen einzigen Wissenschaftler – im wahrsten Sinne des Wortes – menschenunmöglich. Alle Erkenntnisse dazu können immer nur Momentaufnahmen sein und können nur schwer ein Endergebnis bieten. Ähnlich verhält es sich mit anderen Langzeitthemen, wie eben dem Waldsterben oder etwa dem Klimawandel. Es kann immer nur Hypothesen und Theorien dazu geben, keine absoluten Wahrheiten. Es kann alles ganz anders kommen, als erwartet: deutlich freundlicher, aber auch deutlich heftiger als vorhergesagt. Wesentlich ist, sich bewusst zu machen, dass alles auf der Welt in Systeme eingebunden ist. Wer an einer Stelle im System eine noch so kleine Veränderung vornimmt, kann unter Umständen das gesamte Gefüge verändern. So kann der Ausfall auch nur einer Pflanzen- oder Tierart unter Umständen eine ganze, ungewollte Kettenreaktion in Gang setzen. Grabherr, der begnadete Kommunikator und beseelte Pflanzenliebhaber, hat seine eigenen Bilder, dies zu erklären: Jede Pflanzenart ist wie ein Buchstabe in der Natur. Diese Buchstaben bilden miteinander Wörter und ganze Sätze. Wer nur einen Buchstaben verändert, kann den Sinn eines Wortes, eines ganzen Satzes, einer ganzen Welt verändern. Alles, was wir tun und denken, ist Teil eines großen Ganzen. Eine zu mechanistische Sichtweise ist allerdings fehl am Platz. Verglichen mit einer Präzisionsmaschine sind die ökologischen Systeme und Funktionsstrukturen „lose Werkel, die scheppern, knirschen und krachen“. Daher sind präzise ökologische Prognosen so schwierig.

Der zauberhafte Garten von Georg Grabherr im Wienerwald bietet hier ein verblüffendes Beispiel. Ebendort, in diesem „Garten für das 21. Jahrhundert“ steht ein Bambus. Von dieser Pflanze wurden über Generationen hinweg zahllose Klone, sprich Setzlinge, genommen, die eigentlich nicht mehr miteinander verbunden sind. Alle Klone dieser Pflanze, blühen – wie von Zauberhand geführt – überall auf der ganzen Welt exakt zur gleichen Zeit.

Erst im Laufe des Gesprächs mit dem Wissenschaftler Georg Grabherr ist mir bewusst geworden, wie viele menschliche Züge auch die Pflanzen tragen. Pflanzen stehen genauso in Konkurrenz zueinander wie Menschen und ergehen sich mitunter in brutalen Ausleseverfahren. Wenn sich jedoch die Richtigen am geeigneten Ort treffen, bilden sie friedvolle Gemeinschaften und beschützen und fördern einander. Wo hingegen viele von einer einzigen Art an einem Platz sind, wie es bei Monokulturen der Fall ist, kann sich das Einzelindividuum nur spärlich entfalten. Das geschieht sogar nach einer exakt berechenbaren mathematischen Gesetzmäßigkeit. Wenn jedoch mehrere Arten an einem Ort stehen, ist die gegenseitige Förderung sehr viel wahrscheinlicher und damit das System wesentlich stabiler. Alleine das ist schon ein besonders schlagkräftiges Argument für Artenvielfalt.

„Die Natur hat ihre eigene Ordnung – und die ist nicht der rechte Winkel", sagt der Biologe Georg Grabherr. In diesen Worten ist unglaublich viel Liebe spürbar und tiefster Respekt für die Pflanzen, die er ein Leben lang erforscht hat. Es ist fast eine Art Zärtlichkeit, die da mitschwingt, eine Eigenschaft, die man bei Wissenschaftlern wahrscheinlich nur selten vorfindet. Woher kommt diese Zuneigung für sein Wissenschaftsgebiet? Es sind wieder einmal die Zusammenhänge, die persönlichen Umstände, einzelne Begegnungen, welche die Summe des Ganzen ergeben. Da war der vogelkundige Vater, der fachkundige Naturgeschichtsprofessor, das Wiener Ehepaar, das sogar die wissenschaftlichen Pflanzennamen kannte. Da war irgendwann dieses Geschenk, ein Buch über Orchideen, die eigenständige Beschäftigung mit dem neuen Wissen, die Reflexion in der Natur. Mit dem Wissen geht die Faszination einher, die ständig vorantreibt zu noch mehr „wissen wollen". Je größer das Wissen, umso größer auch die Neugierde, hinter das Wissen zu schauen. Erkenntnis durch Kenntnis. Ideale Bedingungen für ein Wissenschaftlerleben. Mit dem fundierten Wissen und dem wachsenden Verständnis für die Zusammenhänge kommt auch die Bereitschaft, sich für die geliebte Sache einzusetzen. Und so war es dann auch. Ein Leben lang.

Ein erstes Mal machte der Naturschützer Grabherr im Alter von 16 Jahren von sich reden. Damals machte er die Eingabe für die Unterschutzstellung der „Schmelwiese" in seiner Vorarlberger Heimatgemeinde Hörbranz. Der besagte Feuchtbiotopkomplex war ein Raritätenkabinett ersten Ranges und ist es heute noch.

Georg Grabherr ist das jüngste von fünf Kindern. Die meisten Familienmitglieder sind seit Generationen Lehrer. Nur der Vater betreibt eine Schuhmacherwerkstatt im kleinen Ort Hörbranz am Bodensee. Nach dem Krieg ist hochqualitative Handwerkskunst für den Durchschnittsbürger aber nicht leistbar. Die Familie lebt deshalb in bescheidenen Verhältnissen. Auch die Kinder müssen ihren Arbeitsbeitrag leisten. Freiheit, Kindheit, Friede, Abenteuer findet der Familienjüngste in der Natur. „Alles, was im Leben schön ist, hat im Wald stattgefunden", wird Grabherr später einmal über seine Jugend resümieren. „Die Natur, der Wald lehrt uns Bescheidenheit und Demut." Eigenschaften, die auch der hochangesehene Wissenschaftler nicht verloren hat, ja, sie sogar einfordert. Bescheidenheit und Demut führen auch zur Erkenntnis, dass nur ein Leben in Sparsamkeit ein nachhaltiges Leben sein kann. Sparsamkeit bedeutet, alle Güter auf das Notwendige zu reduzieren und damit alle nur erdenklichen Ressourcen zu schonen. „Wenig, aber gut und qualitätsvoll", ist seine Devise. Die Reduktion auf das Wesentliche bedeutet aber ganz und gar nicht Verzicht auf Genuss. Da würde der Professor nun doch heftig protestieren. Genuss kann aber nur bereiten, was selten und kostbar ist und nicht aus dem Überfluss kommt. Ein logischer Rückschluss, nicht wahr?

Genuss und Überfluss. Wissen und Ignoranz. Naturschutz und Naturausbeutung. Die Welt ist mehr denn je von Gegensätzen geprägt. Durch die zunehmende Verstädterung der Bevölkerung war die Naturferne noch nie so groß wie jetzt, aber auch die Natursehnsucht. Wohlmeinende streben aus tiefer Sehnsucht nach Weltverbesserung möglichst ökologische Lösungen an und müssen erkennen, dass ökologische Lösungen oft die meiste Natur „verbrauchen", wie das etwa beim Heizen mit Holz oder mit anderen natürlichen Brennstoffen ist. Die Menschheit sitzt in ihrem Streben nach wohlmeinender Weltverbesserung oft zwischen allen erdenklichen Stühlen und ist nur schwer in der Lage, die richtigen Wege zu finden. Je präziser die Wissenschaft arbeitet, je genauer die technischen Ergebnisse werden, umso schwieriger wird es, eine Art erträgliches Mittelmaß zwischen Sendungsauftrag und Bequemlichkeit zu finden, das uns alle gerade noch mit gutem Gewissen leben lässt. Für sich diesen Weg zu finden, liegt in der Verantwortung des Einzelnen, aus dieser kann er nicht entlassen werden.

Faszination und ehrliche Begeisterung, wie sie der Wissenschaftler Georg Grabherr an den Tag legt, sind wohl der effizienteste und – im besten Sinne des Wortes nachhaltigste – Weg, mit Wissen die Herzen zu öffnen. Ich erinnere mich da an einen lauen Spätnachmittag im frühlingshaften Wienerwald. Wir waren gerade mit dem Auto auf der Rückreise von einer forstlichen Tagung. In unseren Köpfen kreisten noch Meinungen und Diskussionsbeiträge. Plötzlich sagt Professor Grabherr: „Bieg dort vorne ab. Ich zeige dir den schönsten Wald der Welt." Und tatsächlich. Wenige Schritte von der Straße entfernt, breitete sich im hohen Laubwald ein unendlich weiter Teppich aus, dicht gewebt aus blauen, weißen und gelben Blumen. Das Laub der Buchen und Eichen war jung und grün. Wiedergeburt liegt in der Luft. Von der Donau dringen ganz leise Beweise von naher Zivilisation herauf, die romantische Gemüter auch als Wellenrauschen hätten interpretieren mögen. Noch zwitschern die Vögel aufgeregt durcheinander. Der Weg wird schmäler. Äste liegen über dem scharfen Grad. Niemand stößt sich daran. Nichts ist lebendiger als totes Holz. Georg hebt mit seinem Gehstock vorsichtig einen Stein zur Seite. Leben pur. Ein Grashalm spielt mit dem Wind und bemerkt gar nicht, dass der Wissenschaftler ihn als etwas Besonderes qualifiziert hat. Schleichend wie ein listiger Dieb drängt die Nacht in den Wald. Wenn man den Kopf hebt und nach oben schaut, kann man ganz klar erkennen, dass die alten Baumriesen tatsächlich den Himmel berühren. Sie stehen da und geben Zeugnis einer anderen Zeit. Ihre schwarzen Stämme und Äste stützen das Nachtblau des Himmels. Der Neuntöter hat seinen Gesang beendet. Die Nacht hat jetzt ein leichtes Spiel. Auf den letzten Metern zurück zum Auto wage ich kaum zu atmen, um den Zauber dieses Nachtwaldes nicht zu stören. Ich werde niemals wieder hierher kommen. Geschenke wie diese bekommt jeder

Mensch nur einmal im Leben. Doch hier will ich Zeugnis davon geben. Man kann Blumen in einen Garten pflanzen und sich an ihrer Farbenpracht erfreuen. Man kann Studien darüber verfassen und veröffentlichen. Man kann den Menschen aber auch die Liebe zu all dieser Pracht ins Herz pflanzen. Was von alledem wird wohl die Zeiten überdauern?

Zur Person:
GEORG GRABHERR, geboren 1946 in Bregenz, ist angesehener Vegetations- und Landschaftsökologe und bekannt als „*der Naturschutzprofessor*“ in Österreich. Von 1986 bis 2011 war er Abteilungsleiter und Universitätsprofessor für Naturschutzbiologie, Vegetations- und Landschaftsökologie an der Universität Wien, 2003–2014 Vorsitzender des österreichischen Man and the Biosphere (MAB)-Nationalkomitees der UNESCO (seit 2014 dessen Ehrenmitglied), Mitbegründer von „Global Observation Research Initiative in Alpine Environments“ (GLORIA), in deren Rahmen vegetationsökologische Langzeitstudien zum Nachweis des Klimawandels vorgenommen werden. Er ist Träger des „Österreichischen Naturschutzpreises“ des Naturschutzbundes Österreich, des Vorarlberger Wissenschaftspreises, des Großen Verdienstzeichens des Landes Vorarlberg, des Ehrenzeichens des Vorarlberger Alpwirtschaftsvereins, des Österreichischen Ehrenkreuzes für Wissenschaft und Kunst I. Klasse und Österreichs Wissenschaftler des Jahres 2012.

AUF FISCHFANG MIT FRANZ HECHINGER

Nachhaltigkeit = Den Dingen ihre Zeit geben

Es gibt Menschen auf dieser Erde, die haben offenbar absolut keine Feinde, nicht einmal ernstliche Kritiker. Niemand scheint ihnen etwas zu missgönnen, überall sind sie beliebt, obwohl sie Ecken und Kanten haben und mit ihrer Meinung nicht hinter dem Berg halten. Wenn sie erscheinen, zaubert das allen Anwesenden ein Lächeln auf die Lippen, und jene, die eigentlich schon längst gehen wollten, bleiben ihretwegen noch ein bisschen länger.

Ich brüste mich damit, das Privileg zu besitzen, einen solchen Menschen zu kennen. Nicht nur seine Freunde nennen ihn Hecht, denn er ist Fischmeister im Waldviertel. Ein Schelm ist, wer bei „Hecht" an etwas Schelmisches denkt. Hecht ist einfach die Abkürzung für den Familiennamen Hechinger. Wie passend und stimmig hier der Volksmund abkürzt! Hecht für Hechinger. Nomen est omen, wie der Lateiner sagt, das Wort steht für die Bestimmung. Für die meisten aber ist er einfach Franz, für einige auch „Freund Franz". Wie er zu diesem Kosenamen kam, ist eine eigene, im wahrsten Sinne des Wortes filmreife Geschichte, die mit einer Sendung zu tun hat, in der

Bauern Frauen suchen. Aber die Details dazu bleiben hier unser Geheimnis. Und es ist schon wieder alles anders, als Sie jetzt vielleicht gedacht haben.

Vielleicht haben Sie auch schon gedacht, das ist ein ganz schön bunter Vogel, dieser Fischmeister, und offenbar ist das Leben eines Fischmeisters doch aufregender, als wir zunächst vermuten würden. Ja, so ist es. Freund Franz hat sich lange geweigert, sich an ein Mobiltelefon zu gewöhnen. Jetzt aber ist es sein verlässlichster Begleiter, und es klingelt ohne Unterlass. Jeder Generaldirektor könnte vor Neid erblassen. Freund Franz ist auch gelernter Zimmermann. Seine Expertise zu allen Holzarbeiten ist gefragt, an den Bootsanlegestellen am Stausee, in den Volairen bei den Greifvögeln, draußen im Wald beim Bau der Hochstände für die Jagd. In der Fischkammer warten Kunden. Nein, nur der Fischmeister persönlich kann den Festtagskarpfen schröpfen. Nebenbei rennt der Schmäh. Die Fischliebhaber kommen nächste Woche sicher in Begleitung wieder.

Der Wirtschaftsdirektor ruft an. Für den alten, historischen Getreidespeicher ist eine neue Nutzung angedacht. Ein Sozialprojekt soll hier untergebracht werden. Eine Abordnung des Denkmalamtes ist angereist. Sie soll den Umbau fachlich begleiten. Die Kosten sind plötzlich eine unüberbrückbare Hürde. Das Sozialprojekt steht vor dem Scheitern, der Umbau insgesamt rückt in weite Ferne. Freund Franz, der die ganze Zeit bescheiden und wortlos im Hintergrund geblieben ist, legt mit wenigen unaufgeregten Worten eine kostengünstige, ressourcenschonende und alle seligmachende Lösung auf den Tisch, an die bis jetzt noch niemand gedacht hatte. Die zahlreich angereisten Experten hängen plötzlich an seinen Lippen. So etwas haben sie noch nie gehört. Ungewöhnlich dieser Vorschlag, aber absolut denkbar. Und der Wirtschaftsdirektor hält alles für finanzierbar. Alle sind glücklich und gehen miteinander auf ein Bier.

Freund Franz hat kein Verständnis für lautstarke, emotionsgeladene Auseinandersetzungen. „Das ist lediglich Vergeudung von Zeit und Nerven. Beides sind zu kostbare Ressourcen, die man besser und zielgerichteter einsetzen kann“, meint er in ruhigem und überzeugendem Ton.

Die Teiche des Waldviertels haben Franz Hechinger zu einem Philosophen mit bemerkenswerter Bodenhaftung gemacht. Was wie ein Widerspruch klingt, ist einfach gelebte Nachhaltigkeit mit Köpfchen. Beispiele gefällig? Die vielen Autofahrten im riesigen Forstbetrieb werden sorgsam geplant, um möglichst vieles „im Vorbeifahren“ zu erledigen. Umwege sind in diesem Fall energetische Irrwege. Mitdenken ist gefragt. „Zuerst denken, dann fahren“, bringt es Franz Hechinger auf den Punkt.

Das Auto von Franz Hechinger hat weder eine Klimaanlage noch eine Sitzheizung, und während des Tages und bei gutem Wetter fährt er ohne Licht. Alles andere ist in seinen Augen blanke Vergeudung. Er rechnet vor, wie viel wir sparen würden, wenn alle auf solche „Details“ verzichteten. Im trauten Heim werden Geschirrspüler und Waschmaschine nur angeworfen, wenn sie optimal und bis obenhin gut gefüllt sind. Darauf achtet der begeisterte Hausmann persönlich. Was bei anderen spießig und kleinlich klingt, kommt hier mit dem Brustton der Überzeugung und verbreitet Freude. Die Freunde und Kollegen werden sanft, aber doch bestimmt zur Mülltrennung motiviert. Franz Hechinger rechnet vor, wie viel Energie durch die Wiederverwendung wertvoller Stoffe gespart werden könnte und wie viel an CO_2-Ausstoß weniger das bedeuten würde. Ich habe mir die Zahlen nicht gemerkt, aber ich gelobe hoch und heilig, nie mehr wieder an der Mülltrennung zu zweifeln.

Als ein wichtiger Aspekt von Nachhaltigkeit spielt im Gespräch mit Freund Franz der Faktor Zeit eine immer und immer wiederkehrende und vielfältige Rolle. Das beginnt schon damit, dass Franz Hechinger vor 20 Jahren seine Uhr abgelegt und sie bis heute nicht mehr aktiviert hat. Zeit hat im Leben von Franz Hechinger eine andere Dimension als für Sie und für mich. Daran musste sich auch seine Umgebung gnadenlos gewöhnen und hat gelernt, damit umzugehen. Konkrete Termine mit ihm auszumachen, ist ein eher nutzloses Unterfangen. Was ist schon Zeit!? Zeit ist ausschließlich das, was die Natur vorgibt. Die Fische sind nicht nach ein, zwei, drei oder vier Jahren verkaufsfertig, sondern schlicht dann, wenn sie groß genug sind, um eine ausreichende Portion zu ergeben. Gemüse wird dann geerntet, wenn es schön reif und knackig ist, und nicht, wenn es ein möglicher Speiseplan vorgibt.

Früher wurden Bäume nach den Mondphasen geschlägert. Von den positiven Eigenschaften dieses Holzes haben Generationen profitiert. Heute wird dann geerntet, wenn die Sägewerke nach Auslastung schreien. Also quasi das ganze Jahr. Früher wurden die Bäume gleich im Wald entastet, entrindet und bearbeitet. Heute werden sie aus dem Wald zu Verarbeitungsstätten und dann erst zur Endbestimmungsstelle gebracht. Das kostet Zeit, Geld und Energie und manchmal auch Nerven.

Eine weitere „Zeiterkenntnis", die ich unserem Protagonisten zu verdanken habe: Im Spätherbst gibt es jedes Jahr ein großes Abfischfest im Betrieb. Dann kommen hunderte Menschen, um dem „Kochen der Teiche" beizuwohnen und frisch aus den Teichen die Karpfen zu verkosten. Da müssen alle mitanpacken. Die gastronomische Laientruppe aus Holzarbeitern, Forstfrauen, Sekretärinnen und Hausfreunden geben ihr absolut Bestes. Trotzdem kann nicht jeder der Anwesenden promptest bedient werden. Franz Hechinger versteht nicht, warum manche Gäste wutentbrannt und hungergrantig das Fest verlassen, wenn ihr Hunger nicht augenblicklich gestillt wird. Man könnte die Zeit ja nutzen, um sich mit den anderen zu unterhalten, einen Spaziergang unternehmen oder den Eisblumen beim Wachsen zuschauen. Ich zum Beispiel habe meinen Fisch voriges Jahr nach Stunden serviert bekommen. In dieser Zeit habe ich mit dem Bezirkshauptmann und seiner lieben Frau die Welt neu geordnet, mit einem kritischen Geist aus dem Nachbardorf Freundschaft geschlossen, der örtlichen Regionalzeitung ein Interview gegeben, eine neue Biersorte kennengelernt, vier alte Freunde wiedergetroffen und mit ihnen Wiedersehenstermine vereinbart und die Idee für dieses Buch mit dem örtlichen Freigeist gewälzt. Last but not least habe ich mich in Geduld geübt und diese Übung perfektioniert. Ohne diese Stunden wäre mein Leben wesentlich ärmer. Abgesehen davon, hat sich das Warten auch kulinarisch mehr als gelohnt. Der nach Stunden servierte serbische Karpfen war der beste Fisch, den ich jemals in meinem Leben gegessen habe. Bedauern muss ich heute noch jene Kreaturen, die bereits nach kurzer Wartezeit w. o. gegeben haben.

Den Dingen nicht die Zeit zu geben, die sie brauchen, ist wider die Natur. Und für so etwas Unnatürliches ist Franz Hechinger nicht zu haben. Bio ist seine Maxime. Alles darf in seinem Garten wachsen, wie es gerade lustig ist, ohne Chemie und ohne Blick auf die Uhr.

Das Gemüse braucht seine Zeit, der Wald braucht seine Zeit, die Fische brauchen ihre Zeit, der Mensch braucht seine Zeit. Das Erkennen und die Erkenntnis brauchen ihre Zeit. Die Schönheit der Natur zu erkennen, braucht viele ruhige und einsame Bootsfahrten über die Teiche und viele Urlaube am immer gleichen Campingplatz. Der einzige Hotelurlaub im Leben von Franz Hechinger ist kläglich gescheitert. Zu anonym, zu weit weg von Wind und Wetter. „Es ist schön, im Leben etwas schaffen zu können, etwas zu bauen, ein Ergebnis zu sehen", resümiert er. Geld verdienen ist gut, aber keine Antriebsfeder. Geld ist Mittel zum Zweck. Aber Geldvergeudung ist auch Vergeudung und irgendwie unverständlich. Keine Anstrengung macht Sinn, wenn der Benefit daraus dann sinnlos vergeudet wird. Sinn und Sinnhaftigkeit spielen eine große Rolle. So stellt Hechinger etwa die Sinnhaftigkeit kirchlicher und anderer Feiertage in Frage, wenn sie nur dazu dienen, die Anzahl der bezahlten Urlaubstage und den Freizeitstress zu vermehren. Da ist es doch besser, man geht seiner geliebten Arbeit nach, meint Freund Franz.

Selbst im Leben des gelassenen und besonnenen Franz Hechinger gibt es Ereignisse, die nicht nur sein Unverständnis, sondern sogar seinen Zorn provozieren. Hier ein Beispiel dafür: Bis in die 1990er Jahre gab es im Waldviertel Pelztierfarmen, in denen Minks gehalten wurden. Diese putzigen kleinen Nerztiere sollten zu Mänteln verarbeitet werden. Das rief Tierschützer auf den Plan, die wahrscheinlich in bester Absicht in einer Nacht- und Nebelaktion die Tiere freiließen. Minks sind ausgesprochene Fischliebhaber und überaus flinke Räuber, die seit jener Stunde mit Begeisterung die umliegenden Teiche plündern. Die Teichufer sind übersät mit totgebissenen Karpfen. Der wirtschaftliche Schaden ist enorm, die Natur bis auf Weiteres geschädigt, das ökologische Gleichgewicht aus dem Lot gekommen, da die Tiere in der Region keine natürlichen Feinde haben und sich ungestört vermehren können. Und die Jagd auf diese Tiere wäre nur mit unlauteren Mitteln möglich. Zusammengefasst: gut gemeint ist nicht immer gut gemacht.

Dieses Beispiel führt deutlich vor Augen, dass alles, was wir tun, Wirkung hat und dass auch eine noch so gut gemeinte Aktion katastrophale Folgen haben kann. Hat das vielleicht mit einer ganz besonderen Form von Egoismus zu tun, die um sich greift? Die chronische Ich-Bezogenheit unserer Zeit hat zur Folge, dass sich ein Teil der Menschheit selbstüberschätzend als „Experten für eh alles“ betrachtet und durch unbedachte und unqualifizierte Einflussnahme Schaden anrichtet. Diese Menschen sind in der Regel leicht zu mobilisieren und werden – im Extremfall – missbraucht, ohne dass sie es ernstlich wahrnehmen. Ein anderer Teil der Menschheit hingegen frönt dem Egoismus der Art „mir ist eh alles wurscht“ und schaut aus Bequemlichkeit in entscheidenden Momenten gerne weg. Warum diese Betrachtung zum Egoismus hier Erwähnung findet? Weil das auch mit Nachhaltigkeit zu tun hat und weil selbst ein Mensch wie Franz Hechinger bei diesem Thema an seine persönlichen, emotionalen Grenzen stößt. Und das sollte uns zu denken geben.

Foto: Gabriele Moser

Zur Person:
FRANZ HECHINGER ist gelernter Zimmermann und wirkt als Fischmeister im Forstamt Ottenstein. Privat ist er Philosoph mit Bodenhaftung und überall gern gesehener Geschäfts- und Gesprächspartner.

IN DER KÜCHE MIT ELISABETH LUST-SAUBERER

Nachhaltigkeit = Action und Satisfaction

Als man ihre Sendung im Fernsehen absetzte, brach ein Proteststurm los. Sehr deutliche Briefe und E-Mails erreichten die Redaktion. Manche Menschen verstanden die Welt nicht mehr. Diese Frau hatte doch den Nerv der Zeit getroffen! Viel mehr noch: sie hat ein leer gelaufenes Becken an Wissen wieder mit selbstverständlichen Erstaunlichkeiten und mit Sinn gefüllt. Was also war der Hit, das Sensationelle, das Einmalige, wonach die geneigte Hörer- und Seherschaft so gierte? Wurden hier die Lottozahlen vor der Ziehung veröffentlicht, gab es vielleicht sichere Anleitung für ein erfülltes Leben oder wurden Wundermittel zur verlässlichen Weltverbesserung angepriesen? Nein! Die Dame, um die sich diese Geschichte dreht, heißt Elisabeth Lust-Sauberer und sie gibt – Putztipps. Wie das gemeint ist? Na, ganz einfach! Sie beantwortet Fragen wie: Wie putze ich die Fenster sauber und kostengünstig? Was muss beim Reinigen von Holzböden beachtet werden? Was ist bei verstopften Abflüssen zu tun? Wie bekommt man harzige Hände wieder sauber? Wie poliert man Möbel schonend, und wie bringt man

Silberlöffel wieder zum Glänzen? Was tun bei hohen Vasen, für die alles Reinigungsgerät zu kurz ist, um an den verdreckten Boden zu gelangen? Die Wissensnot in diesen Dingen war groß, hatte aber mit dem Auftauchen von Seminarbäuerin Elisabeth Lust-Sauberer am Fernsehschirm ein abruptes Ende gefunden. Was früher von Generation zu Generation – um nicht zu sagen von Mutter auf Tochter – wie selbstverständlich weitergegeben wurde, war zu einem Medienhit geworden. Kein langes, umständliches Herumgerede, keine leeren Worthülsen, keine kunstvollen intellektuellen Ergüsse, sondern: Klartext, einfach, direkt und in einer erfrischend ungekünstelten Sprache. Worte, die trotz aller knallharten Praxisnähe aus dem Herzen kommen, unverblümt und ohne Umschweife. Zum Fensterputzen nehmen wir bitte niemals heißes, sondern immer kaltes Wasser. Ein zugesetzter Spritzer Spiritus oder Haarshampoo (natürlich ohne Balsam) nimmt zusätzlich das Fett auf. Basta! Unbehandelte Holzböden wiederum werden mit nasser Holzasche abgeschrubbt, dann mit klarem Wasser nachgewaschen. Alles klar!? Verstopfte Abflüsse? Kein Problem! Hier gilt allerdings: Vorbeugen ist besser als heilen. Man gebe zwei bis drei Esslöffel Soda in den Abfluss und gieße Wasser nach. Diesmal allerdings heißes, wohlgemerkt!

Haushaltstipps, nichts als einfache Haushaltstipps, werden Sie jetzt vielleicht denken. Wie kann man damit jemanden hinter dem Ofen hervorlocken? Ganz einfach: Haushaltstipps strahlen Heimeligkeit aus, Fürsorge für das traute Heim und dessen Bewohner, eine Art neues Biedermeier schimmert da durch, unverblümte Geborgenheit, eine Art von „ein ungeschriebenes Geheimnis miteinander teilen“ liegt in der Luft. Und Menschen, die mir solche Tipps geben, müssen es wohl gut mit mir meinen. Oder sind Sie jetzt entrüstet? Ist da vielleicht ein Jahrhunderte langer Kampf um Gleichberechtigung spurlos an uns vorüber gegangen? Soll die Frau wieder an den Putzlappen gefesselt werden und kommt gar die gesamte gegenderte Welt ins Wanken? Hat sich um Gottes willen nichts auf dieser Welt geändert! Doch. Und das ist ein gutes Beispiel dafür: Für Haushaltstipps interessieren sich nunmehr Männer und Frauen gleichermaßen. Das nenne ich neue Gleichberechtigung. Und das alles ökologisch und ohne Chemie.

Elisabeth Lust-Sauberer betreibt mit ihrem Mann einen landwirtschaftlichen Betrieb im Weinviertel, hat zwei schon erwachsene Töchter, lebt in einem zauberhaften Haus mit entzückendem Innenhof. Wer bei ihr zu Gast sein darf, betritt Heimeligkeit pur und geht zumindest mit einem Glas köstlicher Paprikamarmelade heim – die übrigens hervorragend zu Käse schmeckt. Im Eingangsbereich steht auf einer alten Truhe eine bunte Schale mit Obst, die zusätzlich mit Blumen geschmückt ist. Am Küchentisch steht ein Teller mit selbst gemachten Mehlspeisen. Solche gibt es zum Auftauen immer im Eiskasten. Es könnten ja überraschend Gäste kommen. Elisabeth Lust-Sauberer: eine perfekte Hausfrau also? Sie protestiert heftig: „Eine Überputze war ich nie!“. Als die bescheidene Hausfrau das Angebot erhielt, eine Sendung mit Haushaltstipps zu gestalten, plagten sie ernstliche Bedenken. Was würden wohl Freunde und Familienmitglieder von ihr denken, die ja um ihre „Unperfektheit" in Haushaltsdingen wüssten. Würde sie ihre persönliche Glaubwürdigkeit aufs Spiel setzen? Schlussendlich siegte dann doch der Wunsch, „etwas zu tun, was zufrieden macht". Die Kinder sind aus dem Haus und die so entstandene Lücke musste gefüllt werden. Only action brings satisfaction! Etwas Sinnvolles tun, nicht nur für die anderen, sondern auch für sich selber. Was gibt es Schöneres, als sich mit anderen Menschen auszutauschen und Erfahrungen weiterzugeben? Und in diesem Moment kam das Fernsehangebot.

Lust-Sauberer ist gelernte Seminarbäuerin und als solche an Begegnungen mit Konsumentinnen und Konsumenten gewohnt. So ist sie auf Messen und in Supermärkten unterwegs, um dort über Lebensmittel und deren Verwendung zu informieren. Erdäpfel kommen aus der Erde, Marillen vom Baum, Ribiseln vom Strauch und die berühmte Kuh ist eben nicht lila. Was für eine agrarische Gesellschaft selbstverständlich war, muss heute wie Spezialwissen vermittelt werden und wird wie von einem Schwamm aufgesaugt. Da ist etwa das spannende Kapitel der Vorratshaltung. Nur so viel kaufen, wie man braucht, zuerst überlegen, dann einen Einkaufzettel schreiben. Reste verwerten. Das entlastet das Budget und macht auch noch Spaß. Fact aber ist: Viel zu viele Lebensmittel werden weggeworfen. Der unverschämte Überfluss unserer Breiten verlockt zur allzu leichtfertigen Vergeudung. Da hinten im Kühlschrank vergammelt doch glatt der liebevoll erzeugte Käse, in der Dose verschimmelt das köstliche Brot, weil man es dort schlicht und einfach vergessen hatte. Egal, das können wir uns doch leisten! Sparsamkeit ist doch nur etwas für Spießer! Sparsamkeit ist nur etwas für Spießer!? Nein, Sparsamkeit ist für verantwortungsvolle Menschen ein Beitrag zur Nachhaltigkeit, weil Schonung der Ressourcen und Respekt vor dem Erzeuger und dem Erzeugnis damit verbunden sind. Mit dem Brot, das Tag für Tag in Wien weggeworfen wird, könnte man eine Stadt wie Graz versorgen, hat einmal jemand ausgerechnet. Das ist die Realität.

Das „Interesse an der Realität“ schätzt Lust-Sauberer als enorm ein. Damit ist auch das Interesse an der Landwirtschaft gemeint, an der Erzeugung der Lebensmittel und an deren Zubereitung. Deshalb gibt sie bei Kochkursen ihr Wissen weiter und paart es mit ihrer ansteckenden Begeisterungsfähigkeit. Als praktizierende Bäuerin und Produzentin ist sie – genauso wie alle anderen Seminarbäuerinnen – besonders glaubwürdig und authentisch in Fragen der Lebensmittelerzeugung und -verwendung. Diese Frauen wissen, wovon sie reden, und stehen auch dahinter. Das können Sie mir glauben!

Die Kinder der Familie Lust-Sauberer sind zwar schon aus dem Haus, kommen aber an Wochenenden immer wieder gerne heim zu ihren Eltern. Dabei ist allen das gemeinsame Frühstück heilig. Gemeinsam essen, an einem Tisch, zum gleichen Zeitpunkt, die gleichen Speisen, selber zubereitet, und dabei einander die Tagespläne anvertrauen oder auch manchmal gemeinsam schweigen. Das ist mehr als bloße Nahrungsaufnahme. Gemeinsam „Mahl halten“ ist Zuneigung, Interesse für den anderen und am anderen, genauso wie Reflexion von Gefühlen und Gedanken. Alle sind gleich in ihrer Notwendigkeit, Nahrungsmittel zu sich zu nehmen. Essen ist Lust am Leben, ist Quelle des Weiterlebens, das man miteinander teilt.

Die Begeisterung der Töchter am Kochen hielt sich anfänglich in Grenzen. Mit dem Auszug aus dem trauten Heim hat sich das aber geändert. Mutters tolle Tipps und Rezepte waren plötzlich gefragt. Immer nur anrufen und jede Kleinigkeit erfragen ist auch irgendwie uncool. Immerhin will man im Freundeskreis ja auch mit eigenem Wissen glänzen und selber etwas auf den Tisch zaubern können. Lust-Sauberer schrieb alles nieder, was die Töchter gerne wissen wollten, und so entstand ganz nebenbei auch noch ein Kochbuch, dessen Inhalt nicht nur den Töchtern vorbehalten ist.

Wer sich nun vielleicht die Frage stellt, wie man denn so vieles unter einen Hut bringen kann: den Job als Landwirtin, Seminarbäuerin, Medienstar, Buchautorin, Mutter, Ehefrau usw., für den hat Elisabeth Lust-Sauberer ihren Lieblingsspruch parat, der da heißt: „Es ist nicht zu wenig Zeit, die wir haben. Es ist zu viel Zeit, die wir nicht nützen."

Weitere Geheimnisse hinter dem Erfolg sind: Einfache Antworten geben auf Fragen, die gestellt werden oder irgendwie in der Luft liegen. Ohne große Hintergedanken, ohne persönliche Profilierungssucht, ohne maximales Gewinnstreben. Einfach den Menschen Gutes tun wollen.

Da fällt mir ein, wir sind Ihnen noch ein paar Antworten schuldig. Auf die Fragen, die wir eingangs gestellt haben. Also: Harzige Hände bekommt man sauber, indem man sie mit Schmalz oder Öl einreibt und dann mit Papier, zum Beispiel von der Küchenrolle, abwischt. Holzmöbel poliert man am besten mit ganz gewöhnlichem Speiseöl: das Öl einfach auf ein Tuch auftragen und wischen. Bei dunklen Türen empfiehlt sich, dem Öl Rotwein beizufügen. Die Qualität des Weins spielt in diesem Fall ausnahmsweise nur eine untergeordnete Rolle. Dann hätten wir da noch die Reinigung der Silberlöffel. Das bedarf doch ein wenig der Vorbereitung, denn dazu sollte man zunächst eine Schüssel mit Alufolie auslegen und darin einige Löffel Salz in lauwarmem Wasser auflösen. Die Silberlöffel einlegen. Nach fünf Minuten sind sie blitzblank. Und wie reinigen Sie den schmutzigen Boden einer schmalen, hohen Glasvase? Ganz einfach, indem Sie Zahnreinigungstabletten im Gefäß auflösen. Fertig!

Ach ja, und wie man richtig und umweltschonend Schuhe putzt, das erfahren wir bei unserem nächsten Besuch. Versprochen.

Zur Person:
ELISABETH LUST-SAUBERER ist niederösterreichische Seminarbäuerin und AMA-Lebensmittelberaterin, ORF-Haushaltsexpertin, Landwirtin, Köchin, Ehefrau und Mutter; Autorin des Kochbuches „So schmeckt das Weinviertel".

AUF DEN SPUREN VON JOSEF SCHÖFFEL
Nachhaltigkeit = Eine gelungene Mischung

Die Geschichte dieses Mannes gleicht zunächst einem spannenden Krimi mit ungewissem Ausgang. Das macht den Erfolg aber umso größer und sein Werk prägt eine Region nunmehr seit vielen Generationen. Und das kam so:

Es waren die 1860er und 1870er Jahre in Österreich. Kriege hatten die Staatskassen in eine katastrophale Budgetsituation gestürzt. So kamen findige Beamte auf die Idee, Staatseigentum an Private zu verschachern, um damit die Kriegskassen wieder aufzufüllen und gleichzeitig auch die eine oder andere Summe in die eigenen Taschen zu stecken. Zum Ausverkauf kam: der Wienerwald. In einer Nacht- und Nebelaktion wurden heimlich die berühmt-berüchtigten Hirschl'schen Verträge geschlossen, die dem Holzgroßhändler Moritz Hirschl vertraglich den Verkauf des Brennholzes aus dem Wienerwald zusicherten. Zu sehr günstigen Konditionen. Durften bis dahin 80.000 Klafter Holz entnommen werden, waren es auf einmal jährlich 200.000 Klafter. Am 12. April 1870 beschloss der Reichsrat das Gesetz über den Verkauf des Wienerwaldes, wodurch ein Viertel der gesamten Fläche der Axt anheimfallen sollte. Schnell durchwinken und Deckel drauf, schien die Devise. Aber es brodelte gewaltig in der Bevölkerung, die den Wienerwald – damals wie heute – als Oase der Erholung und des Naturerlebens empfand. Ein einziger Mann nahm den Kampf gegen die Abholzung des Wienerwaldes auf, als bereits alles verloren schien: der Journalist Josef Schöffel. Nicht mit harten und anklagenden Worten gegen ein korruptes System tat er dies, sondern in liebevollen Beschreibungen der Naturschönheiten im Wienerwald, die nunmehr drohten verlustig zu gehen. Wahrscheinlich war es die allererste Medienkampagne der Welt, die er im April 1870 im Neuen Wiener Tagblatt startete.

Schöffel wurde mit Klagen eingedeckt und musste sich unzählige Male vor Gericht verantworten. Man versuchte, mit der ungeheuren Summe von 50.000 Gulden sein Schweigen zu erkaufen. Es wurde sogar gemunkelt, manche hätten nichts dagegen gehabt, wäre Schöffel bei einem „Jagdunfall" zu Tode gekommen. Einem potentiellen Schützen wäre dabei sogar Strafffreiheit in Aussicht gestellt worden. Die ganze Geschichte wirbelte so viel Staub auf, dass sich sogar Kaiser Franz Joseph höchstderoselbst mit dem Fall beschäftigte.

Schöffel jedoch ging unbeirrt seinen Weg, überließ nichts dem Zufall. Seine Recherchen erwiesen sich als absolut hieb- und stichfest, so dass nach drei Jahren des Kampfes die Staatsanwälte noch vor der Schlussverhandlung die Klage zurückziehen mussten. Die Hirschl'schen Verträge wurden schlussendlich aufgelöst, die korrupten Beamten im Finanzministerium zwangspensioniert oder versetzt und das Ackerbauministerium erhielt die Verfügung über die Staatsforste. Und der Börsenkrach im Mai 1873 beendete zuletzt auch die fieberhafte Baukonjunktur, die den Hintergrund dieser Affäre gebildet hatte.

Schöffel, der aus einer wohlhabenden böhmischen Beamten- und Hausbesitzerfamilie stammte, beschritt nach diesem Sieg eine politische Laufbahn und bekleidete manche einflussreiche Position. So war er im Laufe seines Lebens etwa Mitglied des niederösterreichischen Landesausschusses und wurde als parteiloser Abgeordneter in den Reichsrat gewählt, wo er 1875 in einer Rede als Erster vor der Gefahr der nach Österreich eingeschleppten Reblaus für den Weinbau warnte.

Seine deutlichste Handschrift hinterließ er aber als – später legendärer – Bürgermeister von Mödling, wo er vor allem sozialpolitisch neue Wege beschritt. Auf seine Initiative zurück geht etwa die Schöffel-Stadt östlich der Südbahn, wo Menschen aus allen Bevölkerungsschichten ein lebenswertes Zuhause finden sollten. Weiters veranlasste er die Pflasterung und Beleuchtung der Straßen, sorgte für den Bau von Armenhäusern für alte Menschen, schuf den Landesarmenfonds und führte Pflegestationen für wandernde Handwerksburschen ein. Er kümmerte sich gleichermaßen um Kanal- und Wasserleitungsbauten, errichtete ein Sommertheater im neu angelegten Kurpark, gründete die Sparkasse der Stadt Mödling, kaufte das Thonetschlössel, in dem sich heute das Museum der Stadt befindet, errichtete das städtische Krankenhaus und überredete schließlich seinen Freund, den Arzt Josef Hyrtl, in Mödling ein Waisenhaus einzurichten.

Schöffel starb 1910 hochbetagt und einsam in Mödling, wo sein Ableben zunächst kaum Beachtung fand. Heute jedoch gibt es kaum eine Wienerwaldgemeinde, die nicht über ein Schöffel-Denkmal, einen Schöffel-Weg, eine Schöffel-Straße oder einen Schöffel-Park verfügt.

In die Geschichte eingegangen ist Josef Schöffel als „Retter des Wienerwaldes" und hat damit die ewige Liebesgeschichte der Wiener und Wienerinnen zu ihrem Wienerwald festgeschrieben. Noch zu Lebzeiten Schöffels, im Jahre 1905, wurde das Schutzgebiet „Wiener Wald- und Wiesengürtel" errichtet. Dieser Grüngürtel schützte den Erholungsraum rund um die aus allen Nähten platzende Stadt Wien. Die Versorgungslage der Wiener Bevölkerung mit Heizmaterial war überaus prekär und die „grüne Lunge" rund um die Großstadt war wieder ernstlich in Gefahr. In dieser Zeit formierten sich einige Organisationen und Vereine zum Schutz des Wienerwaldes. 1913 etwa ist das Gründungsjahr des Österreichischen Naturschutzbundes, der aus dem Bewusstsein für diese Gegend erwachsen ist, und für das Jahr 1924 verzeichnen die Geschichtsanalen die Gründung des Naturschutzvereins Schöffel, deren Mitglieder einen freiwilligen Dienst zum Schutz von Wald und Flur verrichteten. Der Bezirkshauptmann von Mödling verlieh diesen Helfern sogar das Recht, Organstrafmandate zu verhängen, womit der Schöffelverein der einzige war, dem diese besondere Aufgabe in Niederösterreich zuteil wurde. Daraus entstand übrigens im Oktober 1941 die erste Bergwacht in Österreich.

In den Jahrzehnten danach folgten fast unzählige Resolutionen, Denkschriften, Petitionen und Konferenzen, die das Bewusstsein, das Schöffel zu seiner Zeit geschaffen hatte, zum Ausgangspunkt hatten. So legten etwa die Länder Wien und Niederösterreich 1987 in der Wienerwald-Deklaration ein klares Bekenntnis zum Schutz des Wienerwaldes ab und in der Wienerwald-Konferenz des Jahres 1994 wurden bereits erste Schutzmaßnahmen festgelegt.

Heute ist die Region Wienerwald ein UNESCO-Biosphärenpark, also eine Modellregion für nachhaltige Entwicklung. Als der Wienerwald 2005 diese hohe Auszeichnung errang, gab es unzählige Gründe dafür. Und wahrscheinlich hätte jeder einzelne Josef Schöffel zu euphorischen Artikeln in seiner Zeitung verführt. Da sind einmal die besonders artenreichen Wiesen, die für das Umland einer Weltstadt einmalig sind; es ist die 2000 Jahre alte Weinbaulandschaft, die nicht zuletzt auch die Seele seiner Bewohner und Bewohnerinnen prägte, und es ist – last but not least – der Wald, Mitteleuropas größtes Buchenwaldgebiet. Unter den mehr als 600 UNESCO-Biosphärenparks der Erde ist der Wienerwald etwas ganz Besonderes. Er ist der einzige in Europa, der an und in einer Weltstadt liegt. Kaum sonst wo findet ein städtisches Gebiet ähnlich hervorragende ökologische Bedingungen vor. Der Wienerwald ist heute ein überaus begehrtes Wohngebiet. Die politisch nicht ganz korrekte Bezeichnung „Speckgürtel rund um Wien" lässt Näheres erahnen. Die 750.000 Menschen, die im Biosphärenpark wohnen, haben von der UNESCO den „Auftrag", im Sinne der Nachhaltigkeit zu agieren, also bei jeder Handlung die Folgen zu bedenken: für den anderen, für nachfolgende

Generationen, für sich selbst. Jeder einzelne soll das tun, genau dort, wo er in diesem Augenblick in seinem Leben steht. Ohne Ausrede. Mit voller Begeisterung.

Das Prinzip der Biosphärenparks ist die Freiwilligkeit. Menschen sollen ihren Beitrag zur Nachhaltigkeit freiwillig und aus tiefer Überzeugung leisten. Wer aus innerer Überzeugung handelt, braucht keine Maßregelungen, braucht keine Schlupflöcher des Gewissens und Gesetzes und auch keine Rechtfertigungen vor sich selbst. Wer Freude an seinem Werk hat, wer Grenzen menschlichen Seins erkennt und respektiert, wer wahrnimmt, dass selbst Bäume nicht in den Himmel wachsen, kann auch Verantwortung übernehmen und damit eine lebenswerte Basis für nachfolgende Generationen schaffen.

Josef Schöffel, der Retter des Wienerwaldes, war ein Vordenker für die Natur, ein Wohltäter für die Menschen und nicht zuletzt auch überaus erfolgreich als Unternehmer und Politiker. Er war als Mensch und in seinem Tun einfach eine „gelungene Mischung", im Sinne des heutigen Biosphärenparks. Als Direktorin dieses Biosphärenparks würde ich gerne erleben, dass die Menschen in dieser Region – eigentlich in der ganzen Welt – das geniale Prinzip der nachhaltigen Entwicklung eines Tages verwirklichen. Ich wüsste gerne, ob es uns gelungen sein wird, einen Funken gesetzt zu haben, der in naher oder ferner Zukunft ein wärmendes Seelenfeuer entzündet, das die Menschen ihre große und einmalige Verantwortung für diese Welt erkennen lässt.

„Der Sinn des Lebens besteht darin, Bäume zu pflanzen, unter deren Schatten man selber nicht mehr sitzen wird", sagt der amerikanische Schriftsteller Nelson Henderson. „Der Sinn des Lebens besteht darin, gute Gedanken und Herzensfreundlichkeiten zu sähen, die man selber nicht mehr ernten kann", sage ich – und bitte Sie alle mitzumachen, in der heiligen Hoffnung, nicht zu viel zu wollen.

Archiv Biosphärenpark Wienerwald

Zur Person:
JOSEF SCHÖFFEL (geboren am 29. Juli 1832 in Böhmen, gestorben am 7. Februar 1910 in Mödling) war Journalist und setzte sich um 1870 in einer beispielhaften Medienkampagne gegen die Abholzung des Wienerwaldes ein, was ihm den Ehrentitel „Retter des Wienerwaldes" einbrachte. Später bekleidete er verschiedene politische Funktionen und ging besonders als legendärer Bürgermeister von Mödling (1873–1882) in die Geschichte ein. Fast jeder Ort und jede Stadt im Wienerwald, verfügt über ein Denkmal, das ihm zu Ehren errichtet wurde.

IM GLASHAUS MIT WALTER STOCKENHUBER

Nachhaltigkeit = Vielfalt statt Einfalt

Der 8. August wird in Österreich als „Tag der Paradeiser“ begangen. „Wieder so ein Tag“, werden Sie sich jetzt vielleicht denken. Zunächst war dieser Tag als klassische Marketingmaßnahme gedacht, um im paradeisischen österreichischen Hochsommer den Umsatz der gewerblichen Produzenten von Tomaten anzukurbeln. Ich weiß genau, dass das so war, denn ich war hautnah dabei, als diese Idee das Licht der Welt erblickte. Damals hatte ich die Aufgabe, die begleitende Pressearbeit auszurichten. Auf der Suche nach interessanten Paradeiser-Gesprächspartnern für die Presse stießen wir auf die Familie Stockenhuber aus Oberösterreich. Die Familie – Vater, Mutter und drei kleine Kinder – war die Idealbesetzung, um das Thema menschlich rührend in Szene zu setzen.

Walter und Monika Stockenhuber betrieben und betreiben die ehemalige Gärtnerei des Klosters Engelszell in Engelhartszell. Dieses einzige österreichische Trappistenkloster ist idyllisch an der Donau gelegen und beherbergt die angeblich so schweigsamen Mönche, die von der Likör- und Bierproduktion leben. Am hellen Vorplatz der dominanten Kirche sonnen sich nagelneue Glashäuser, die über tausend Sorten von Paradeisern, Chili, Kürbissen, Erdbeeren und andere Gemüse- und Obstarten beherbergen. Die Menschen, die hier Pflänzchen und Früchte kaufen, sind mehr Freunde denn Kunden und als Draufgabe gibt es Spezialwissen, Zuwendung und Begeisterung im Überfluss. Eigentlich dreht sich hier alles direkt oder indirekt um gesunde Ernährung. Würde das nicht so sein, gäbe es die Familie Stockenhuber nicht.

Mutter Monika nämlich war in ihrer Jugend schwer krank. Eine starke Eiweiß-Unverträglichkeit und eine Schilddrüsendisfunktion machten ihr das Leben zur Hölle. Ärzte prophezeiten ihr ein beschwerliches, wahrscheinlich kurzes, aber sicher kinderloses Leben. Die erste einer Reihe von Operationen stand gerade bevor und der Tod des Vaters verlange von ihr mehr Kraft, als sie zu Verfügung hatte. In dieser Situation war Walter in ihr Leben getreten. Walter war der Jüngste seiner Familie, ein Nachzügler, empfand sich deshalb in seiner Kindheit eher als fünftes Rad am Wagen. Irgendwie stand er deshalb auch immer unter der besonderen Obhut seines Vaters, der sich ihm in besonderer Weise widmete und seine Liebe zu allem in der Natur an seinen jüngsten Sohn weitergab. Das sollte seiner Monika später das Leben retten – oder zumindest maßgeblich erleichtern.

Walter stand Monika in ihrer schwersten Zeit bei. Gemeinsam mit einer Homöopathin fanden sie eine Möglichkeit, aus Monikas Krankheit einen gemeinsamen Weg zu formen. Was so einfach und fast beiläufig hier steht, passiert eben, wenn sich die Schicksale zweier Menschen kreuzen, die zusammengehören. Auch wenn es eigenwillig klingt: Monikas Eiweißkrankheit und Walters Liebe zu den Paradeisern ergänzten sich optimal. Heute haben die beiden drei Kinder, die Monikas Krankheit geerbt haben, die aber gelernt haben, exzellent damit umzugehen, ja sogar Nutzen daraus zu ziehen. Bewusste Ernährung gehört auch für die Kinder zum Alltag. Ihr Wissen darum erstaunt selbst Experten. Erziehung definieren die Eltern als Mischung von Vorbild und Liebe. Beispiel zu sein und das – aus der Situation – Richtige vorzuleben, ist ihr Beitrag zur Nachhaltigkeit. Sie sind zutiefst überzeugt davon, dass nur das im Leben passiert, was passieren soll. Nur aus der Akzeptanz der Umstände – und seien sie noch so unerfreulich – kann etwas Gutes, vielleicht Neues, Wegweisendes entstehen. Dabei leben die Fünf nach dem Prinzip der Natur, die nur nimmt, was sie braucht, aber im Überfluss gibt, auf jeden Fall mehr, als wir brauchen.

Wer gibt, ohne etwas zu erwarten, der wird reichlich belohnt. Umgekehrt funktioniert das nur selten. Familie Stockenhuber frönt dabei der Kleinheit, dem Überschaubaren, dem Fassbaren, dem Leit- und Lenkbaren. „Größe führt zu Größenwahn", fasst Walter zusammen. Die Familie ist reich – an Wissen, an Zufriedenheit, an Liebe und an Zeit. Walter hat vor Jahren seine Uhr abgelegt. Dort in der Lade, wo er sie hingelegt hat, liegt sie seit geraumen Jahren. Seine Geschäftspartner, besser gesagt Geschäftsfreunde, haben sich mittlerweile daran gewöhnt, dass er zu früh oder zu spät, selten pünktlich kommt. Selbst der Beginn der Gemeinderatssitzungen richtet sich nach der gefühlten walterschen Zeit.

Walter und Monika sind heute erfolgreiche Unternehmer. Jeder einzelne Lebensmittelskandal der letzten Jahre hat ihnen in die Hand gespielt, hat das Bewusstsein für ihre regionalen und biologisch erzeugten Lebensmittel deutlich gestärkt. Keine noch so teure und aufwendige Werbekampagne hätte mehr bewirken können.

Zeit ist das Zauberwort. Erkenntnis braucht Zeit, Liebe braucht Zeit, Kundenpflege braucht Zeit, gesunde Lebensmittel brauchen Zeit. Geliefert wird dann, wenn die Natur das Produkt finalisiert hat, nicht wenn die Pläne der Marketingspezialisten dies bestimmen. Ein Albtraum für alle Planer, aber ein Genuss für alle Genießer. Auch Genuss braucht Zeit, innere Ruhe und Neugierde.

Die Palette vom weißen Paradeiserwinzling bis zum tiefvioletten Paradeiserriesen ist enorm. Vielfalt statt Einfalt ist hier das Motto. Walter und Monika sind davon überzeugt, dass die Einfalt in der Natur früher oder später auch auf die Menschen selber übergeht. „Mit unserem eintönigen Essverhalten schaffen wir eine Generation von Kindern, die vor den Eltern stirbt", war einmal in einer großen österreichischen Tageszeitung zu lesen und sie schließen sich dieser Meinung in hohem Maße an.

Essen ist auch Esskultur, soziales Miteinander, ist geistige wie körperliche Gesundheit. Dazu gehört zunehmend auch das selber Produzieren von Lebensmitteln, City Farming liegt im Trend. Jeder auch noch so kleine Balkon wird zum Heimgärtchen. Der Bezug zum Lebensmittel wird wieder gesucht. Die Misserfolge in den eigenen Gärtnerversuchen steigern dabei oft die Achtung, ja Ehrfurcht vor denen, die mit der Produktion von Nahrung ihren Lebensunterhalt bestreiten.

Der Börsencrash vergangener Jahre hat den Stockenhubers den einen oder anderen Gönner und Investor ins Haus geschneit. Das Erdige und Ehrliche ist wieder gefragt. Eine Welt ohne Geldzählmaschinen scheint selbst dem einen oder anderen Börsenguru eher denkbar als eine Welt ohne Lebensmittel. Familie Stockenhuber hat sich in ihrem Leben eingerichtet, hat ihren ganz eigenen Weg gefunden und begangen und sie geht ihn weiter. „Der Kopf ist rund, damit die Gedanken jederzeit ihre Richtung ändern können", ruft Walter mir noch zu. Spannend bleibt, was sich die Stockenhubers demnächst einfallen lassen, um diese Welt noch vielfältiger zu machen. Tausend Gemüsesorten haben sie schon.

Zur Person:
Der Landwirt WALTER STOCKENHUBER lebt mit seiner Ehefrau Monika und seinen drei Kindern als Klarlbaun z' Blindendorf in Oberösterreich und betreibt in Engelhartszell im Donautal die dortige Stiftsgärtnerei. Ebendort finden Freunde der Artenvielfalt hunderte Paradeiser- und Chilisorten sowie seltene Gemüsesorten und werden auch liebevoll in ihren gärtnerischen Aktivitäten mit Rat und Tat unterstützt.

ÖKONOMIE

AUF DEN SPUREN VON CARL VON CARLOWITZ
Nachhaltigkeit = Aus Krisen lernen

Alle reden von Nachhaltigkeit, doch bei näherem Hinhören und Nachfragen müssen viele eingestehen, dass sie nicht genau wissen, was gemeint ist. Offenbar ist Nachhaltigkeit ein Begriff, den man besser spüren als erklären kann, der im Herzen besser aufgehoben ist als in kühl kalkulierenden Köpfen. Trotzdem ist es hilfreich, einmal einen Blick auf die Entstehung dieses Gedankengutes zu werfen, die Rahmenbedingungen abzuklopfen, unter denen es entstanden ist. Wer hat den Begriff Nachhaltigkeit erfunden?

Die Frage ist scheinbar einfach zu beantworten. Der Begriff kommt aus der Forstwirtschaft und ist bereits 300 Jahre alt. Um 1700 war Wald kein so hoch angesehenes Gut wie heute. Es gab keine Freizeitgesellschaft, die ihn als Erholungsraum brauchte, auch die Bedeutung des Waldes für Luft und Wasser war kaum bewusst. Zum Heizen brauchte man das Holz und auch für den Hausbau. Am großflächigsten aber plünderte man die Wälder für die Salz- und Kohlegewinnung. So waren in Österreich fast das gesamte Salzkammergut und auch das Donautal bis weit über Persenbeug hinauf kahlgeschlagen und glichen gespenstischen Mondlandschaften. Ähnlich war es in Deutschland, vor allem in Bergbaugebieten. So war der kursächsische Silberbergbau mit seinen Holz verschlingenden Schmelzöfen von einer katastrophalen Holzknappheit betroffen. Immer weitere Wege und immer kompliziertere Einrichtungen wurden für die Bringung des Holzes in Kauf genommen. Doch die Waldflächen wurden immer weniger und weniger. Kaiserin Maria Theresia hatte dann sogar befohlen, dass Häuser nur mehr aus Stein und nicht aus dem wertvollen Holz erbaut werden sollten. Die Holzfäller durften die Bäume nicht mehr umhacken, sondern mussten für ihre Arbeit Zugsägen verwenden, weil bei dieser Fällmethode der Holzabfall geringer ausfiel. Aber auch in England sah man durch den Holzmangel Unheil über das Land hereinbrechen. Der große Brand von London 1666, bei dem große Teile der Stadt zerstört wurden, ließ das Problem des Holzmangels so richtig greifbar werden. Auch der Ausbau der Kriegs- und Handelsflotte verschlang Unmengen an Holz. Der Erfolgsautor John Evelyn hielt deshalb vor der Royal Society eine flammende Rede, in der er sich leidenschaftlich für die Wiederaufforstung des Landes einsetzte. Selbst Frankreichs Sonnenkönig war geneigt, sich mit dem Thema auseinanderzusetzten. Ludwig XIV. befahl höchstpersönlich eine umfassende Forstreform. Wälder sollten künftig nur mehr vom Staat bewirtschaftet werden. Der Holzmangel dieser Zeit, der schon krisenhafte Züge annahm, beschäftigte die Wirtschaftsgrößen ebenso wie Naturschützer und Künstler.

Und dann kam Hans Carl von Carlowitz, Berghauptmann aus dem kleinen Städtchen Freiberg bei Dresden, Sohn des dortigen Oberforstmeisters, und brachte in einem

Wort Problem und Lösung gemeinsam auf den Punkt. In seinem 450 Seiten umfassenden Buch „Waldwirtschaft“ (im Original: Sylvicultura oeconomica) fordert er, dass es im Forst eine „continuierliche beständige und nachhaltende Nutzung gebe“. Ein einziges Mal kommt dieses Wort „nachhaltend“ in seinem Werk von 1713 vor, fast versteckt zwischen vielen anderen wichtigen Begriffen. Und doch eroberte es die Welt und hat jetzt, 300 Jahre später, erst so richtig Eingang in unser Denken gefunden. Als Carlowitz 1714 starb, hatte er damit – ohne es zu wissen – ein gesellschaftspolitisches Erbe hinterlassen, das größer nicht sein konnte.

Carlowitz ging es darum, eine dauerhafte Lösung für das Problem des Holzmangels zu finden. Dahinter standen natürlich wirtschaftliche Interessen, die es zu wahren galt. Allerdings prangerte er gleichzeitig das Gewinnstreben „um jeden Preis“ an und wehrte sich auch aus einem christlichen Verständnis heraus gegen die Ausbeutung der Natur.

Ausgangspunkt für das Prinzip der Nachhaltigkeit war also die Forstwirtschaft. Wir verstehen heute wie damals darunter, dem Wald nur so viel zu entnehmen, wie zuwächst. Es geht also nicht darum, den Wald gänzlich außer Nutzung zu stellen, es geht darum, ihn verantwortungsvoll und schonend zu nutzen.

An der grundsätzlichen Idee des „nachhaltenden Wirtschaftens“, wie sie Carlowitz „erfand“, hat sich bis heute nichts geändert. Der Begriff ist moderner und aktueller denn je und ist in unserer Zeit zum „Leitbegriff“ vieler Konferenzen und Plädoyers geworden, so etwa in der UN-Umweltkonferenz in Stockholm 1972, die sich mit Waldsterben, Abholzung, Wasser- und Bodenverschmutzung sowie Industrialisierung und Armut beschäftigte. Der Brundtland-Report 1987, der die Ideen aus Stockholm vertiefte, war dann die Basis für die UN-Konferenz für nachhaltige Entwicklung in Rio de Janeiro 1992. Die Weltgipfel für nachhaltige Entwicklung in Johannesburg 2002 und dann 2012 erneut in Rio ließen das Interesse für das Thema nie abreißen. Die UN-Dekade 2005–2024 wurde unter das Motto „Bildung für nachhaltige Entwicklung" gestellt. Und weltweit ernannte die UNESCO bislang insgesamt 612 Gebiete zu Biosphärenparks, also zu Modellregionen für Nachhaltigkeit. Nachhaltigkeit ist dann gegeben, wenn die Säulen Ökologie, Ökonomie und Soziales miteinander in Einklang stehen. In jüngster Zeit wird die Kultur gerne als vierte Säule der Nachhaltigkeit genannt.

Im Jahr 2013 feierten wir also 300 Jahre Nachhaltigkeit und es ist an der Zeit, dieses Prinzip aus den Köpfen und den UN-Papieren in die Herzen der Menschen zu bringen. Nur dann hat es eine reelle Überlebenschance.

Zur Person:
Hans Carl von Carlowitz (geboren am 24. Dezember 1645 in Oberrabenstein bei Chemnitz, gestorben am 3. März 1714 in Freiberg, Sachsen) war Berghauptmann in Freiberg bei Dresden und Verfasser des im Jahre 1713 erschienen Buches „Sylvicultura oeconomica", in dem erstmals eine „nachhaltende Nutzung des Waldes" gefordert wird. Carlowitz gilt damit als „Erfinder" des Nachhaltigkeitsbegriffes.

Archiv Tyrolia

IN DER WERKSTATT MIT SEPP EISENRIEGLER

Nachhaltigkeit = Reparieren statt wegwerfen

Es sieht hier aus wie in jeder anderen Werkstatt auch. Vielleicht ist es nur ein bisschen besser aufgeräumt, ein bisschen heller vielleicht und weniger hektisch als in vergleichbaren Geschäften. Kunden gehen ein und aus, holen ab, was sie einmal hierher gebracht haben. So etwas wie erstaunte Wiedersehensfreude liegt in der Luft. Wiederbelebung macht offenbar Freude – und zwar allen Beteiligten. Das alte Radio spielt wieder, die verloren geglaubte Waschmaschine wäscht wieder und der flimmernde Fernseher liefert wieder gestochen scharfe Bilder.

Sepp Eisenriegler, Chef des R.U.S.Z, des Reparatur- und Servicezentrums in Wien, bittet mich in einen kleinen Besprechungsraum im Stile einer aufgelassenen Werkstatt. An der Wand hängen Zeitungsartikel: „Wir wollen Ihre alte Waschmaschine“ steht da, oder „Reparieren statt kübeln“, „Jedes fünfte Gerät im Müll ist intakt“, „Empörung rund um manipulierte Geräte“, „Technik mit gutem Gewissen“ oder auch „Repariert Mensch und Maschine“ heißen die Schlagzeilen.

„Repariert Mensch und Maschine.“ Das trifft's eigentlich am besten. So reparaturbedürftig wie die Maschinen, die hierher gebracht werden, sind vielleicht manchmal auch die Menschen. Kunden genauso wie Mitarbeiter. Das Wort „Wegwerfgesellschaft“ bekommt auf einmal einen ganz neuen Sinn. Hier bei Sepp Eisenriegler wird wieder alles gut. Die lockeren Schrauben werden wieder angezogen, das eine kleine Verschleißteil wird ausgewechselt und das Gerät ist wieder wie neu und läuft und läuft und läuft und läuft ... Die Werkzeuge in dieser Werkstatt sind mannigfaltig und reichen vom Schraubenschlüssel bis zum ermunternden Lächeln. Die ganze Palette wird gebraucht.

Sepp Eisenriegler bringt mir einen Kaffee – er selber. Die Art und Weise, wie er die Kaffemaschine bedient, zeigt, dass er das nicht zum ersten Mal tut. Hündin Schanta beäugt mich kritisch und legt sich dann unter den Tisch – auf meine Füße. Wir sind mitten im Gespräch, noch ehe wir begonnen haben. Die Worte fließen freudig ineinander, wenn es um Nachhaltigkeit geht. Sepp Eisenriegler ist Sozialökonom und Social Entrepreneur. Ein sehr schönes Wort für eine sehr schöne Sache. In seinem Unternehmen, dem er als verantwortlicher Geschäftsführer vorsteht, arbeiten ehemalige Langzeitarbeitslose, die zu Spitzentechnikern ausgebildet wurden und durch Reparaturleistungen aller Art ihren Lebensunterhalt verdienen. Das ganz große Geschäft ist das wahrscheinlich nur für die Umwelt und die Menschlichkeit. Sollte uns das Wörtchen „nur“ in diesem Satz nicht stören?

Wegwerfgesellschaft heißt unsere Gesellschaft ja auch deswegen, weil wir es uns leisten können, alles wegzuwerfen, was kaputt gegangen ist – Dinge wie Menschen. Die Frage ist nur, ob wir uns das auf Dauer leisten wollen und in weiterer Folge leisten können. Auch vermeintlicher Abfall ist eine kostbare Ressource, die uns früher oder später abgehen wird und unwiederbringlich ist.

Sepp Eisenriegler bezeichnet sich selber als einen späten 68-er. Damals waren die Hungerjahre nach dem Krieg bereits überstanden. Sattheit zog ein in die Gemüter. Das Establishment zündet sich mit Geldscheinen die fetten Zigarren an. Aus dem Nachfragemarkt wird ein Angebotsmarkt. Man beginnt, Dinge zu kaufen, um den Nachbarn zu ärgern, um seine Überlegenheit zu demonstrieren oder einfach, um Neid anzufachen – nicht weil man sie wirklich braucht. Man zeigt, was man sich leisten kann. Die echten Bedürfnisse sind längst gedeckt. Immer mehr Produkte drängen auf den Markt, die eigentlich niemand braucht, die vielleicht sogar krank und abhängig machen, die vielleicht nur emotionale Defizite übertünchen sollen. „Konsum fördert aber doch auch Arbeitsplätze", werfe ich ein. „Nein", sagt Sepp Eisenriegler", die klassischen Nullachtfünfzehn-Konsumgüter werden nur mehr von Maschinen und auf Roboterstraßen produziert und vernichten Arbeitsplätze eher als sie zu schaffen." – Schluck. – Und wer braucht ernstlich Tamagotchis und verdauungsfördernde Yoghurtdrinks, wenn er von Grund auf glücklich ist? – Zack. Bum. Aus. – Oder hat die Welt tatsächlich auf die elektrische Salzmühle mit bunter Beleuchtung gewartet? Wir haben nicht einmal die Telefonnummern unserer alleraller-allerengsten Verwandten im Kopf, weil uns das Handy das Zahlendenken schon abgenommen hat. Ohne Navigationsgerät landen wir nirgends mehr oder trauen uns nicht einmal mehr aus der Garage. Orientierungslosigkeit macht sich breit. Das ist durchaus mehrdeutig gemeint.

Und trotzdem lobt Sepp Eisenriegler den blanken Kapitalismus. Wir brauchen ihn. Aber nur in Zeiten des Mangels. Der Kapitalismus holt alles und alle schneller aus der Krise. Die Befriedigung von Grundbedürfnissen ist schneller gewährleistet. Doch das alles überrollende Schwungrad holt immer weiter aus und ist nicht mehr zu stoppen und rollt und rollt und rollt immer weiter. Was dann aus dieser Eigendynamik entsteht, ist Überfluss, der nur so tut, als ob er Grundbedürfnisse stillte.

Dinge werden zu Statussymbolen, dienen primär dazu, sich als Person auszudrücken, seine Persönlichkeit zu markieren und zu „streamlinen". Wir brauchen möglichst viele billige T-Shirts, die nach dem ersten Waschgang im Müll landen, damit wir noch mehr billige T-Shirts kaufen können, die von immer noch schlechter bezahlten Arbeitskräften produziert werden. Die vergeudeten Rohstoffressourcen lassen wir bei dieser Betrachtung einmal ganz außer Acht. Oder nein. Das tun wir nicht! Nicht hier in der Reparaturwerkstatt von Sepp Eisenriegler.

Ein kleines Teil an der Waschmaschine bricht und wir werfen gleich das ganze gute Stück weg. Macht das Sinn? Sepp Eisenriegler behauptet sogar, dass manche Produzenten in ihren Geräten absichtlich ein Teil schwächer dimensionieren, also Sollbruchstellen einbauen, damit sich die Konsummühle schneller dreht. Obsoleszenz nennt man das. Ein scheußliches Wort für eine scheußliche Sache. Gescheite Menschen haben ausgerechnet, dass wir dadurch jedes Jahr mindestens 11 Milliarden (Milliarden!) Euro in den Sand setzen. Nicht den Produzenten könne man da einen Vorwurf machen, die auf ihren Umsatz schauen, sondern den Konsumenten, die aus Bequemlichkeit dieses Spiel mitmachen und es sogar unterstützen.

Ein anderes spannendes Spiel geht so: Wir legen uns irgendein besonders günstiges Gerät zu – idealerweise zum Nulltarif – und bluten uns bei den Zusatzteilen finanziell aus. Wenn wir uns dann alle sündteuren Zusatzteile geleistet haben, geht das Stammgerät ein und wir fangen wieder von vorne an. Die sündteuren Zusatzteile passen aber nicht auf das neue, inzwischen schon extrem weiterentwickelte Stammgerät und die alten Zusatzteile liegen bis zur nächsten Übersiedlung in der Lade mit der Aufschrift „Ich weiß nicht wohin mit den Zusatzteilen". Die Erleichterung ist groß, wenn man sie bei der nächsten Übersiedlung guten Gewissens entsorgen kann. Das gute Gewissen könnte sich hier freilich in Grenzen halten, denn Vergeudung bleibt eben Vergeudung.

Sepp Eisenriegler ist gelernter Pädagoge. Mit der „Misthexe und dem Krokomüll" brachte er schon den Allerjüngsten die Müllproblematik näher und zeigte eindrucksvoll, wie viel Freude es bereitet, eine gesunde Jause selber zuzubereiten und sie so richtig zu genießen. Als Erfinder der Umweltberatung Wien schuf er erstmals ein Angebot für Privathaushalte und seitdem stellt die Umweltberatung ihre Berechtigung von Jahr zu Jahr deutlicher unter Beweis. Als Lobbyist auf EU-Ebene war und ist Sepp Eisenriegler in Sachen Gesetzgebung unterwegs. Mit seinem Input zur Elektroaltgeräte-Richtlinie und der Abfallrahmenrichtlinie hat er sich gegen die Interessen der Industrie behauptet. Und allen Österreicherinnen und Österreichern mit jugendlichem Musikgeschmack ist seine Handysammelaktion „Ö3-Wundertüte" noch gut in Erinnerung.

Eine Waschmaschine hält in der Regel gut und gerne 20 Jahre. Kleine Reparaturen sollte man da schon einmal in Kauf nehmen. Das alte Stück zu behalten ist unterm Strich billiger als sich in immer kürzer werdenden Abständen das immer energieeffizientere Modell zuzulegen. Wer ehrlich alle Faktoren einer neuen Maschine zusammenzählt – von Erzeugung über Transport und Rohstoff – ist gut beraten, bei der alten zu bleiben. Was man mit dem alten Gerät allerdings nicht kann, ist: angeben. Doch die Zeiten scheinen auch hier eine Wende zu nehmen. Viele junge Leute aus städtischen Gebieten verweigern mittlerweile sogar den Führerschein, andere setzen auf Carsharing. Wenn schon ein Auto, dann als Gebrauchsgegenstand und nicht als „Potenzkrücke", die wie auch immer geartete Defizite kompensieren soll. Understatement ist angesagt. Mehr scheinen als sein wird zunehmend peinlich.

Die Märkte in unseren Breiten sind gesättigt. Das Produktionsrad muss sich deshalb immer schneller drehen und immer billigere Produkte auf den Markt bringen. Die Schallmauer zur Grenze des Wachstums ist immer noch nicht durchbrochen. Wie wir da herauskommen? Der Markt sollte intelligenter werden und sich überlegen, welche Produkte und Leistungen wir tatsächlich brauchen, und diese dann anbieten. Alles andere kann man reparieren.

Als ich das R.U.S.Z, das Reparatur- und Servicezentrum im vierzehnten Wiener Gemeindebezirk verlasse, begleitet mich Sepp Eisenriegler bis an das Ausgangstor. Hier stehen Waschmaschinen aller Marken und jeden Alters. Die älteste davon – ein österreichisches Qualitätsprodukt vergangener Zeiten – ist mehr als 50 Jahre alt und zeigt noch immer keine Ermüdungserscheinungen. In einer anderen Ecke stapeln sich Stühle. Einmal in der Woche lädt der ansässige Direktor für Forschung und Entwicklung zum Reparatur-Kaffee. Da kann jeder selber Hand anlegen und lernen, sein kaputtes Gerät unter Anleitung zu reparieren. Jeder ist herzlich eingeladen, dabei zu sein. Nur eines geht nicht: den mitgebrachten Kuchen zu essen und die anderen arbeiten zu lassen.

Zur Person:
SEPP EISENRIEGLER ist ausgebildeter AHS-Lehrer, Sozialökonom und Social Entrepreneur. Er ist Initiator der Umweltberatung Wien, Gründer des Reparatur- und Servicezentrums R.U.S.Z., des Reparatur-NetzWerk Wien sowie des Demontage- und Recycling-Zentrums D.R.Z. Zudem ist er Mitbegründer der nationalen und EU-weiten Dachverbände für Sozialwirtschaft RepaNet Österreich und RREUSE sowie international erfolgreicher Lobbyist im Bereich Abfallgesetzgebung.

IM KRÄUTERREICH VON JOHANNES GUTMANN
Nachhaltigkeit = Wertschöpfung durch Wertschätzung

Johannes Gutmann treffe ich an einem Freitagnachmittag, einem überheißen Hochsommertag. Ich betrete das Stammhaus von Sonnentor in Sprögnitz im niederösterreichischen Waldviertel und alle Wohlgerüche dieser Welt schlagen mir auf einmal entgegen. Der Verkaufsraum heißt hier auch nicht Verkaufsraum sondern „Genuss-Reich". Weiter hinten sehe ich schon Hannes, umringt von einer Gruppe Menschen, die ihn verzückt anstrahlen. Es wird wohl schwer werden, ihn aus der Anbetung seiner Fans loszureißen, denke ich mir noch. Aber nein! Eine Minuten später befinden wir uns ein Stockwerk höher. Die Büroräumlichkeiten heißen hier nicht Büroräumlichkeiten, sondern „Geist-Reich". Und so wollen wir unser Gespräch auch anlegen. Zuvor aber holt der Chef persönlich noch ein Glas Wasser für mich.

Die Räume sind hell und leuchten laubfroschgrün. Alles hier ist irgendwie leicht, im wahrsten Sinne des Wortes „unbeschwert", untersetzt mit einem Anflug von Flottheit. Freundlich und trotzdem effizient. Das Geheimnis des Erfolges? Ganz einfach: es ist die Balance im Leben, aus der die Kraft für alle Unternehmungen kommt. Die Balance kommt aus der Ehrlichkeit mit und zu sich selbst. Authentizität ist auch in der ganz persönlichen Entwicklung gefragt. Niemand sollte es nötig haben, sich verbiegen zu müssen. Niemand sollte es zulassen, sich verführen zu lassen. Diese Verführung sitzt nicht selten in den Luxusgütern, den Statussymbolen, die die Oberfläche polieren, aber schlussendlich nur zu ausbeuterischen Energieräubern werden. Niemand kann auf Dauer gegen seine Natur und über seine Verhältnisse leben. Und damit sind nicht nur die wirtschaftlichen Verhältnisse gemeint. Reine Zahlen und das Spiel damit sind sowieso zu wenig. Was wirklich zählt ist Begeisterung. Daraus entsteht das, was dem Leben Sinn und Freude gibt. Der wirtschaftliche Erfolg ist am Ende nur eine Folgeerscheinung. Umgekehrt funktioniert das nur selten. Damit ist dem vorherrschenden Konzept von Gewinnmaximierung und Gier eine klare Absage erteilt. Gier bedeutet immer mehr, immer schneller alles aus allem herauszuholen. Gier ist damit wie ein Strohfeuer, ein heller Flusch, ein lauter Wow-Ruf, der voller Enttäuschung gleich wieder in sich zusammenbricht. Gier bedeutet, nie zufrieden zu sein. Gier bedeutet die verantwortungslose Vergeudung von Ressourcen. Gier bedeutet, nicht über den Augenblick hinaus zu denken und auf Kosten anderer zu leben.

Das Richtige kann nur zur richtigen Zeit am richtigen Ort geschehen, ist Johannes Gutmann überzeugt. Und manchmal ist es sogar eine veritable Krise, die als „das Richtige zur richtigen Zeit am richtigen Ort“ daherkommt. So nämlich entstand die Idee zu Sonnentor.

Es war 1988 und Johannes Gutmann war wieder einmal arbeitslos. Er wollte und konnte sich nicht wieder verbiegen und bekam nun den notwendigen Stups, seinen eigenen Weg zu gehen. In diesem Zusammenhang fällt tatsächlich das Wort Dankbarkeit für alle, die ihn damals aus ihren eingefrorenen Systemen ausgespien und ihm damit die Augen geöffnet haben. Eigentlich war alles ganz einfach und lag auf der Hand: Da waren die Bauern, die auf ihren Produkten saßen, weil Kräuter und Bio-Gemüse nicht in die Listungen der großen Vermarkter passten. Dort war der Marketingprofi, der seine Dienste anzubieten hatte. Was lag also näher, als sich zusammen zu tun? Der Rest ist Geschichte und heißt Sonnentor. Und aus dem „Spinner" wurde ein Winner.

Aber auch Winner haben Auf und Abs. Das liegt in der Natur der Sache und der Natur an sich. Nicht in jedem Jahr gibt es eine tolle Ernte. Manchmal müssen die Früchte eines Jahres also für lange Zeit reichen. Es hat dann keinen Sinn, sich gegen den Kreislauf der Natur zu stellen, es macht nur Sinn, sich *in* den Kreislauf hineinzustellen und sich mitreißen zu lassen. Alles andere ist Kraftvergeudung. Schlimmer noch, natürliche Kreisläufe zu ignorieren verschiebt Wertigkeiten und vernichtet Werte. Das betrifft in hohem Maße unser Wirtschaftssystem. Wertschöpfung hat unendlich viel mit Wertschätzung zu tun, auch mit leben und leben lassen. Immer mehr und immer schneller bedeutet nicht nur, gegen die Kreisläufe und gegen die Natur zu sein, es bedeutet auch den Aufbau von Druck. Dieser Druck wird immer weitergehen, muss immer weitergegeben werden: auf Lieferanten, auf Mitarbeiter, auf

Geschäftspartner, auf Lebenspartner. Durch Druck entsteht zwangsläufig Gegendruck und daraus bald eine dauerhafte Schieflage, die immer schwerer zu reparieren ist. Selbst die Jahreszeiten kommen hier zwischen die Fronten. In unseren Breiten wird jedes Produkt zu jeder Jahreszeit aufgetischt und damit dauerhaft für unseren Genuss und unsere Vorfreude entwertet. Essen und die Zufuhr von Nahrungsmitteln ist überhaupt so eine Sache. Früher war die gemeinsame Speisenaufnahme auch mit sozialer Kontaktaufnahme verbunden. Sprich, es wurde zur gleichen Zeit miteinander an einem Tisch gegessen und idealerweise auch miteinander geredet. Dass sich nur mehr die wenigsten dafür Zeit nehmen, ist auch eine persönliche „Entwertschätzung", die durch den Austritt aus dem natürlichen Kreislauf entstanden ist. Andererseits führt die Anbetung der reinen Tradition zwangsläufig ebenso zum Stillstand. Es ist nicht neu, dass die Schaffung von Wertschöpfung sehr oft in der gelungenen Verknüpfung von Tradition und Moderne besteht. Auch dauerhafte Inhalte müssen von Zeit zu Zeit neu verpackt werden. Nur so können manche das Geschenk – der Natur, der Emotionen, der Zuwendung – wahrnehmen und sehen, was andere übersehen.

Dabei ist es aber zu wenig, nur zu säen. Wer sät, muss sich auch um seine Aussaat kümmern, bevor er ernten kann. Wer Verantwortung übernommen hat, muss sie also auch wahrnehmen. Würden das alle respektieren, wäre der Kreislauf in unserem Gesellschaftsgefüge geschlossen. Das Übernehmen von Verantwortung bedingt aber maßgeblich eine Kultur des Teilens. Wer teilt, gibt nicht nur, sondern bekommt alles irgendwann mehrfach zurück. Nur wer teilt – seine Erfahrungen, seine Freude, seine Schätze – bringt die Welt voran. Geiz und Gier bewirken genau das Gegenteil.

Loslassen ist die Devise. Loslassen führt uns automatisch auf den für uns vorbestimmten Weg. Ein zufriedenes und glückliches Leben erreichen wir nicht, wenn wir fremden Zielen nachlaufen, sondern wenn wir mit gesundem Selbstvertrauen den eigenen Weg gehen. Als „selbst in den Spiegel schauen können", bezeichnen das wohl manche.

Wer über Nachhaltigkeit redet – vielleicht auch ohne jemals das Wort an sich verwendet zu haben – bedient sich gerne des Vergleichs mit dem Wald und den Bäumen. So macht das – zu Recht – auch Johannes Gutmann. Bäume wachsen niemals in den Himmel. Auch die ältesten, größten und widerstandsfähigsten, die es jemals gegeben hat, haben niemals den Wolkenhorizont berührt. Auch die Baumriesen dieser Welt haben sich dem Kreislauf von Entstehen, Werden und Vergehen zu unterwerfen. Wald entwickelt sich – relativ gesehen – nur minimal in die Höhe, sondern kann sich eigentlich nur flächig ausbreiten. Er tut das langsam und behände und verliert dadurch niemals seine Stabilität.

Hannes Gutmann meint damit auch sein Unternehmen. Der Höhengipfelpunkt ist erreicht, jetzt geht der Sonnentor-Wald nur mehr in die Breite. Die vielen kleinen Ableger des Stammbaumes heißen heute Franchisepartner. Aber sowohl der Altbestand als auch die „Neuaufforstungen" müssen gepflegt und gehegt werden. Das trifft auf Wirtschaftsunternehmen ebenso zu wie auf den Wald. Wachstum ohne Basis und losgelöst von den natürlichen Kreisläufen führt automatisch in eine pralle Luftblase, die eines Tages mit lautem Getöse platzt. Alle Wirtschaftskrisen haben darin ihren Ausgang.

Es ist nun spät am Nachmittag, die Stunde vor dem Wochenende. Unten im „Genuss-Reich“ wird es allmählich ruhig. Nur noch schnell eine Frage, bevor wir das „Geist-Reich“ verlassen. Was bedeutet eigentlich die rot umrandete Brille, die für Gutmann zum persönlichen Markenzeichen geworden ist? Rot bringt Energie, sagt der Sonnentor-Gründer, hat viel Aktivierendes. Alles, was wir über die Augen in uns, in unseren Körper und unsere Seele hineinlassen, prägt unser Bewusstsein. Rot aktiviert das Gesehene. Ein bisschen läuft es mir da kalt über den Rücken und ich beschließe, nie mehr wieder einen Horrorfilm anzuschauen.

Ach ja, und was hat es mit der Sonne als Symbol auf sich? Eine vierundzwanzigstrahlige Sonne prangt auf allen Produkten, auf allen Drucksorten, T-Shirts und Werbeträgern. Die Sonne bedeutet Freude, Herzlichkeit, positive Gedanken und sie bedeutet Freiheit. Freiheit? Ja! Im Waldviertel gibt es heute noch Höfe, die eine Sonne auf ihren Scheunentoren prangen haben. Es war das Zeichen der freien Bauern, die aus der Herrschaft entlassen wurden und von da an selbstbestimmt und eigenverantwortlich ihr Leben leben durften. Das lässt doch aufhorchen in einer Zeit, in der Verantwortung gerne auf andere abgeschoben wird und in der man die Bestimmung des eigenen Lebens – gerne auch aus Bequemlichkeit – an andere auslagert. Bei Sonnentor gibt es eine Gemeinwohlbilanz. Am Deckblatt rechts unten steht: Wir tragen Verantwortung. Und links oben steht: Da wächst die Freude. Das kann man in dieser Kombination wohl unkommentiert stehen lassen!

Als ich Sprögnitz verlasse, beginnt es zu regnen. Regen, den die Landwirtschaft dringend braucht. Die Abkühlung tut unendlich gut. Im Fond des Wagens habe ich eine Sonnenblume in einem gelben Übertopf stehen, die eigentlich als Gastgeschenk für Hannes gedacht war. Gekommen ist es genau umgekehrt: Hannes drückte mir beim Weggehen noch eine Packung seines Lieblingstees und eine Schachtel Glückskekse in die Hand. Und ich denke mir noch: Glück manifestiert sich offenbar sogar in Keksen, wenn man im Leben alles richtig gemacht hat. Was für eine beglückende Begegnung!

Zur Person:
JOHANNES GUTMANN ist Begründer und Eigentümer von „Sonnentor“ Kräuterhandelsges. m. b. H. Der „Unternehmer des Jahres 2011“ wurde unter anderem mit dem Österreichischen Klimaschutzpreis ausgezeichnet. Sonnentor vertreibt Bio-Kräuter und Gewürze und beschäftigt mehr als 200 MitarbeiterInnen und 150 Bio-Bauern im Waldviertel. 75 Prozent der Waren gehen in den Export, und zwar in 50 Länder weltweit.

IN DER CHEFETAGE MIT CHRISTOF KASTNER
Nachhaltigkeit = Kapieren statt kopieren

Am Anfang steht der Apfel. Er ist Symbol für den folgenreichen Sündenfall, für verbotenes Begehren, für das Ende vom Anfang. Damit ist der Apfel aber auch eine Art Warnsignal, eine Aufforderung, die langfristigen Folgen unseres Handelns zu bedenken. Immerhin kiefelt die ganze Menschheit an einer einzigen unrechten Tat vor Menschengedenken, und das bis in alle Ewigkeit. Langfristiger kann ein Sündenfall wohl nicht sein. Der Apfel ist aber – fernab aller christlichen Symbolik – auch ein besonders beliebtes Bild für Genuss, für die liebende Verführung, für Gesundheit. Damit ist dieses knackige Obst auch das ideale „Leitmotiv" für ein Handelsunternehmen der Lebensmittelbranche, nämlich dem hier beschriebenen.

Wir befinden uns in der Bezirkshauptstadt Zwettl im Waldviertel, am Hauptsitz der Kastner Gruppe. Firmenchef Christof Kastner hält fast gerührt den Vorabdruck des ersten Nachhaltigkeitsberichts seines Unternehmens in Händen. Keine Angst, dies wird hier keine Firmenwerbung. Der Nachhaltigkeitsbericht ist nur ein Aufhänger, um mehr über die Philosophie und die Erfolgsfaktoren eines Unternehmens zu erfahren, das seine Geschichte seit 1828 fortschreibt. Ganz vorne im Bericht steht der Satz: „Wir denken nicht in Quartalen, sondern in Generationen." Damit kann sich ein solches Unternehmen auch leisten, Dinge zu tun, die sich nicht sofort rechnen und sich blitzartig im Quartalsbericht niederschlagen. An der Spitze eines solchen Familienunternehmens stehen Menschen, die konkrete Gesichter haben, die man kennt. Da stehen Menschen, die Entscheidungen treffen, für die sie selber gerade stehen müssen, auch Jahre danach, vielleicht sogar Generationen später – dann, wenn vielleicht einmal eines der eigenen Kinder das Sagen hat. Man hat Zeit, oder besser gesagt, man nimmt sich die Zeit, den Dingen auf den Grund zu gehen, nicht an der Oberfläche zu bleiben, sondern hinter die Kulissen zu schauen. „Nicht kopieren, sondern kapieren", bringt das Kastner auf den Punkt. Immer einen Schritt nach dem anderen. Die Basis, der unternehmerische Grund und Boden, auf dem man steht, muss halten, darf nicht beim ersten kleinen Sturm nachgeben. Diese Basis ist breit angelegt.

Ausgangspunkt für das „Generationendenken" ist die Familie selbst. Da war Großmutter Kastner, die „gnädige Frau". Sie stand selber im Geschäft, kannte ihre Kunden mit Namen, steckte dem einen oder anderen auch einmal ein Stückchen Süßes zu, wahrscheinlich hie und da auch einen Apfel. Sie hat in den schwierigsten Jahren unserer Republik Menschen versteckt, sie vor Verfolgung bewahrt. Die „gnädige Frau" war eine Respektsperson, die sich Respekt durch Tüchtigkeit und soziale Wärme verschafft hatte. Ihr Sohn Peter, der heutige Seniorchef der Firma

Kastner, setzt dann neue Akzente. Er wird der erste Umweltgemeinderat in Niederösterreich und erntet zu dieser Zeit statt zustimmender Jubelrufe – gelinde gesagt – Erstaunen. Ein erfolgreicher Kaufmann, der sich für Öko-Themen einsetzt, passt in den 1970er Jahren noch nicht so ganz in das gängige Unternehmerbild. Zur gleichen Zeit engagieren sich die Kastners auch in der Antiatombewegung. Man möchte verhindern, dass der nahe gelegene Truppenübungsplatz Allentsteig zu einem riesigen Endlager für Atommüll wird. Vater Peter und Sohn Christof Kastner sind 1978 mit dabei und mitten drinnen, wenn gegen die Inbetriebnahme von Zwentendorf demonstriert wird.

Die Familie Kastner führt zu dieser Zeit ein offenes Haus. Es herrscht ein Kommen und Gehen von Freunden, Familienmitgliedern, Künstlern. So entsteht über die Jahre auch eine beachtliche Kunstsammlung. Große, ganz große und weniger große Namen finden sich da. Aber immer gibt es zum Künstler einen Bezug, manchmal sogar ein zutiefst freundschaftliches Verhältnis. Mit den Künstlern im Haus taucht die Unternehmerfamilie ein in eine andere Welt, öffnet sich und lernt, andere Perspektiven einzunehmen. Zu Weihnachten gibt es für Partner und Freunde jedes Jahr eine unverkäufliche Spezialedition eines besonderen Weines. Versehen sind die Flaschen mit Künstleretiketten. Weihnachten letztes Jahr hat ein Werk von Hermann Nitsch dafür Pate gestanden.

Die Familie wohnt mitten im Wald in einer alten Mühle am Kamp und im Stammhaus in Zwettl, das für die Bedürfnisse des jüngeren Teils der Familie umgestaltet wurde. Damit bleibt die Familie ihrem Grundsatz treu, überall, wo es nur irgendwie möglich ist, alte Bausubstanz zu erhalten und wiederzubeleben. Das gilt ganz besonders für die Einzelhandelsgeschäfte, die nicht auf die grüne Wiese gestellt werden, sondern ihren Standort immer im Zentrum von Orten und Städten haben. Das hat nicht zuletzt auch mit Wertschätzung des Vergangenen zu tun und richtet sich gegen alles, was die Wegwerfgesellschaft ausmacht. Immer nur Neues hinzuzufügen statt Altes zu revitalisieren, bedeutet nun einmal zusätzlichen Ressourcenverbrauch. Zudem soll auch die Wertschöpfung in der Region bleiben. Beim Umbau der Zentrale in den vergangenen Jahren wurden 80 Prozent des Investitionsvolumens regional vergeben. Regionalität wird auch bei den Lieferanten forciert. Zulieferer aus einem Umkreis von 50 Kilometern werden bevorzugt. Damit wird den regionalen Landwirten kontinuierlicher Absatz garantiert. Neben Regionalität und Qualität steht auch das Bekenntnis zu Bio ganz oben in der Firmenphilosophie. So war das Unternehmen einer der ersten Bio-Großhändler in Österreich zu einer Zeit, als Bio noch eher als Minderheitenprogramm für Freaks abklassifiziert wurde.

Doch das Umweltschutzdenken der Chefs ist nicht stehen geblieben. Ein Ziel etwa ist die CO_2-neutrale Logistik. Um diesem Ziel näher zu kommen, gibt es Schulungen der LKW-Lenker für Sprit sparendes Fahren, in Kooperation mit Partnern werden Transporte gebündelt, so dass die LKWs auf allen Fahrten gut beladen sind, und der Einsatz von Mehrweg-Klappkisten für Obst und Gemüse verringert das Transportvolumen und damit auch die Anzahl der Fahrten. Zudem sind die Kühlanlagen der Transporter generatorenbetrieben. Das bedeutet, dass die Kühlgeräte nicht mehr eigene Dieselaggregate brauchen, sondern an den Fahrzeugmotor gekoppelt sind, wodurch der CO_2-Ausstoß deutliche gesenkt wird.

Darüber hinaus hat man sich zum Ziel gesetzt, die acht Verteilerstandorte energieautark zu gestalten. Zu diesem Zweck wurde auf 100 Prozent Ökostrom umgestellt. Beim Hallenumbau in der Zentrale in Zwettl wurde eine 300 Quadratmeter große Photovoltaikanlage errichtet und die Fußbodenheizung mit Wärmerückgewinnung spart jährlich dutzende Tonnen CO_2.

Einen Beitrag zur Energieeffizienz leistet auch ein durchdachtes Beleuchtungskonzept. Tageslichtspots fangen das Tageslicht auf dem Dach ein und spiegeln es ins Gebäudeinnere. Moderne LED-Leuchten und die automatische Dimmung der Bürobeleuchtung mittels Licht- und Bewegungssensoren gehören bereits zum Standard. Neu wiederum sind in einem anderen Bereich Versuche mit speziellen Abdeckungen für Tiefkühltruhen. Die ersten Versuche damit sind für den Firmenchef Grund zur Freude. Aber auch die EDV-Abteilung war gefordert, sich über Energieeinsparungen Gedanken zu machen. Sieben physische Server wurden virtualisiert, was deutliche Einsparungen durch weniger Kühlung und weniger Stromverbrauch bringt. 19 Multifunktionsdrucker ersetzen 42 Einzeldrucker. Auch der Chef persönlich geht jetzt auf den Gang hinaus, um sich seine Ausdrucke zu holen. Die Verwendung von ECO-Papier ist mittlerweile selbstverständlich, doppelseitiger Ausdruck ebenso. Gleichzeitig reduzieren Webshop-Bestellungen, papierlose Kommissionierung im Lager und die elektronische Verfügbarkeit von Verträgen und Schriftverkehr das Papieraufkommen.

Die riesigen Mengen an „gehandelten" Lebensmitteln und deren Verpackung stellen eine große Herausforderung für die Abfallvermeidung dar. Ein durchdachtes Abfallwirtschaftskonzept garantiert nicht nur ordnungsgemäße Trennung, Lagerung, Entsorgung und Verwertung der Abfälle, sondern es gibt auch Aufzeichnungen über Müllaufkommen, Energie- und Wasserverbrauch, die dann zur Neuausrichtung der Maßnahmen herangezogen werden. Aber auch die Zulieferer und Partner werden animiert, ihren Beitrag zu leisten. Mit der Initiative „Wir bringen Kunden zur Nachhaltigkeit" werden die eigenen Erkenntnisse für ein ressourcenschonendes Wirtschaften an Partner weitergegeben. Das Projekt „100 Prozent für den Genuss" wiederum bietet Gastronomiebetrieben sowie Gastronomie- und Tourismusschulen Informationen zur Abfallvermeidung bei Lebensmitteln. Da gibt es beispielsweise die „Tafelbox", ein Gefäß aus Bio-Kunststoff, mit der sich Gäste übrig gebliebene Speisen an Buffets für den Eigenbedarf mit nach Hause nehmen können.

Umgekehrt nimmt das Unternehmen die Geschäftspartner nicht nur in die Pflicht, sondern springt auch einmal ein, wenn ein Partner in Schwierigkeiten geraten sollte. Der Fonds für notleidende Kaufleute finanziert notwendige Sofortmaßnahmen in Härtefällen, wie sie vielleicht durch Hochwasserschäden oder bei verlorenen Zuschüssen entstehen. Über Kooperationen und Projekte mit Universitäten, Schulen und auch einzelnen Klassen wird für den wertschätzenden Umgang mit Lebensmitteln geworben. Ein Beispiel dafür ist die Übungsfirma „Bionear", die sich dem Thema regionale Bio-Lebensmittel verschrieben hat.

Alle Maßnahmen können aber nur dann optimal greifen, wenn sie von den handelnden Personen, also den Mitarbeitern, aus Überzeugung mitgetragen werden. So steht das jährliche Seminarprogramm allen Mitarbeiterinnen und Mitarbeitern zur Verfügung. Dabei geht es um die Pflege der eigenen physischen wie psychischen Gesundheit, aber auch um Energiesparen und Mobilität. Zehn Mitarbeiter haben darüber hinaus die Gruppe der „Energy Watchers" gegründet, die auch in ihrem privaten Bereich den Umgang mit den Ressourcen bewusst „enkeltauglich" gestalten und ihre Erfahrungen dann an die anderen Mitarbeiterinnen und Mitarbeiter weitergeben. Am Anfang einer Karriere im Unternehmen steht für alle ein Einsteiger-Workshop, der von Christof Kastner persönlich moderiert wird. Dieser ist auch stolz auf die sehr geringe Fluktuation im Unternehmen und misst die Attraktivität des Betriebes als Arbeitgeber an den jährlichen Blindbewerbungen: Im Jahr 2013 waren dies mehr als 4000. Von den rund 800 Mitarbeiterinnen und Mitarbeitern der Gruppe werden jährlich höchstens 100 neu besetzt.

So, und nun ist diese Aufzählung doch zu einer Firmenwerbung geworden. Doch wie sollte man besonderes Engagement besser darstellen als über konkrete Maßnahmen? Und dabei wäre da noch unendlich mehr zu berichten. Zum Beispiel über die vielen Zukunftspläne, die gerade gewälzt werden und auf Umsetzung warten. Die Devise heißt dabei, langfristige und visionäre Ziele finden, eine klare Richtung vorgeben und gesund wachsen, alles mit Bedacht tun, einen Fuß vor den anderen setzen, alles mit Maß und Ziel verfolgen. Maßlosigkeit bezeichnet Christof Kastner als verheerendes Grundübel unserer Zeit und konstatiert diese in allen „Massenbewegungen“: Massenverkehr, Massentierhaltung, Massenfabrikation, Massenproduktion, Massentourismus, Massen... An dieser Stelle zückt Kastner sein Notizbuch, blättert kurz darin. Ein handgeschriebener Zettel wird sichtbar, darauf ein Zitat von Gandhi, das er mir als Geschenk mit auf den Weg gibt: „Die Welt hat genug für jedermanns Bedürfnisse, aber nicht für jedermanns Gier“. Und Geiz ist alles andere als geil, sondern die Basis für Unzufriedenheit, Ausbeutung und Geringschätzung von Mensch und Material.

Es ist Freitagnachmittag. Nach vier Stunden Gespräch ist es draußen unbemerkt dunkel geworden. Irgendwo am Ende des Ganges brennt noch Licht. Ein Mitarbeiter scheint sich nicht von seinem Arbeitsplatz ins Wochenende lösen zu können. Im breiten Durchgang zu den Büros steht ein Tisch mit einem Bild darauf. Eine Kerze brennt im Gedenken an einen langjährigen, plötzlich verstorbenen Mitarbeiter. Das Begräbnis ist am nächsten Tag. Und alle werden sie da sein.

Christof Kastner sagt im Weggehen noch: „Das Leben ist zu kurz, um Spielchen zu spielen.“ Und plötzlich wird klar, wie ernst ihm alles ist, was er gesagt hat.

Das Handy klingelt. Die kleine Tochter fragt: „Papi, wann kommst du endlich?!“ Am Parkplatz bleibe ich noch kurz stehen, genieße einen Augenblick die milde Frühlingsluft, vor mir die künstlerisch gestaltete Wand des Lagerzubaus, darauf in unterschiedlichen Schriftgrößen Namen, scheinbar ohne Zusammenhang, zufällig ausgewählt: Kronprinz Rudolf, Golden Delicious, Gala, Braeburn, Fuji, Topaz, Jonagold, Idared, Elstar, Pink Lady, Renette …

Zur Person:
CHRISTOF KASTNER ist Chef der gleichnamigen Firmengruppe mit Hauptsitz in Zwettl/Niederösterreich. Der Lebensmittelgroßhändler bedient den Einzelhandel ebenso wie die Gastronomie und den Naturkostfachhandel. „Nah und Frisch" ist eine der bekannten Kastner-Marken und die zur Gruppe gehörende Firma Biogast war einer der ersten Bio-Großhändler in Österreich. Das Unternehmen ist Träger mehrerer Umweltpreise. Zuletzt, im Jahr 2014, wurde es mit dem Energy Globe Austria Award ausgezeichnet.

WIEDERSEHEN MIT JOSEF PRÖLL
Nachhaltigkeit = Säen und Ernten

Es war ein heißer Augustnachmittag mitten in Wien: Raiffeisenplatz 1. Der Portier weist mir einen Lift zu, der mich wie von Zauberhand geführt gleich ins richtige Stockwerk bringt. Es ist nicht mehr notwendig, oder nicht mehr erwünscht, selber einen Knopf zu drücken. Liftfahren wird zum intergalaktischen Ereignis. Es war noch nie so einfach, so schnell, so direkt hoch hinauf zu kommen. Irgendwo ganz oben im frisch restaurierten Headquarter der grünen Macht tun sich mir elegante Glastüren auf. Ebenfalls irgendwie intergalaktisch. Eben passiere ich zwei zauberhafte weibliche Wesen, schön, elegant, gestylt, perfekt, kühl um die Stirn trotz Affenhitze. Endlich – kaum zwei Handlängen entfernt – erspähe ich ein menschliches Wesen und höre mich rufen: „Sepp! Wie schön, dich wieder einmal zu sehen!"

Vor mir steht Josef Pröll. Von einer Sekunde auf die andere ist alles so, wie es war, als wir noch ein berufliches Team waren. Eine Sekunde später sind wir mitten im Gespräch. Ich bemerke nicht einmal, dass eines der wunderschönen Wesen einen Kaffee auf die blank polierte Glasplatte vor mir hinstellt. Das Büro liegt in einer Ecke des Hauses. Die Glaswände gehen bis ganz hinunter. Man hat das Gefühl, über der Stadt zu schweben. Der spektakuläre Rundblick durchdringt sogar den Dunst der Stadt. Ich halte mich in der Mitte des Raumes, es besteht optisch Absturzgefahr. Hier muss man schwindelfrei sein, um entspannt zu bleiben.

Josef Pröll ist entspannt. Unser Thema ist die Nachhaltigkeit. Politik und Nachhaltigkeit: Ist das nicht ein Widerspruch in sich? Nein, sagt der ehemalige Vizekanzler der Republik. Kleine Fehler werden sofort abgestraft, rückgängig gemacht, ausgemerzt. Aber andere politische Entscheidungen haben einen lange anhaltenden Einfluss für unzählige Beteiligte. Ganze Nationen leben manchmal über Generationen mit einst getroffenen politischen Entscheidungen. Die Auswirkungen sind manchmal sofort, manchmal erst viel später spürbar. Aber Auswirkungen gibt es immer.

Dabei geht die Qualität der Entscheidungsfindung immer öfter im Tagesgeschäft, im Polithickhack der Parteien unter. Es geht für fast alle darum, politisch aus den Fehlern des Anderen Kapital zu schlagen. Das gilt auch, wenn sich der vermeintliche Fehler vielleicht langfristig sogar als Goldgriff erweist. Der ständige öffentliche und extreme zeitliche Druck – aus den eigenen Reihen, aus dem Umfeld, aber auch der sich selbst auferlegte – nagt an der Qualität der Entscheidungen, sagt Josef Pröll. Das gehe gar nicht anders. Der andauernde mediale Aufschrei verleite im Tagesgeschäft gelegentlich dazu, die großen Leitlinien zu verlassen und zugunsten einer günstigeren Schlagzeile zu opfern. Das sei ein Teufelskreis, an dem alle Beteiligten ein gerüttelt Maß an Mitverantwortung – um nicht zu sagen Mitschuld – tragen. Es fehle in der Politik oft einfach an Anstand, der nicht selten durch Populismus und Opportunismus ersetzt werde, sagt der ehemalige Politiker. Diese ständige – negative – Alarmiertheit binde unendlich viele Ressourcen und in weiterer Folge führe sie zu Stillstand und hemme jede Aufbruchsstimmung. Wer sich ständig wie in einem Hamsterrad dreht, verliere auch jede Innovationsfähigkeit und Zukunftsperspektive. Bestand habe nur Gedankengut, das über den Tellerrand hinausreicht und bereit ist, neue Wege auszuprobieren. Doch das Risiko des – vorläufigen – Scheiterns lasse die Politik nicht zu. Menschen seien nun einmal nicht perfekt, nicht makellos, nicht fehlerfrei. Die momentanen Gesetze der Politik gaukelten uns aber vor, dass Politiker sich immer und überall als perfekte Propheten präsentieren müssten. Dadurch entstehe im Laufe der Zeit eine Scheinwelt, die unmenschliche Ausmaße an Selbstbetrug annehme. Besonders tragisch sei dabei, dass „das Volk“ diesen Selbstbetrug instinktiv wahrnimmt und die Politik insgesamt mit schlechten Image-Noten abstraft.

Politik hat mehr als viele andere Bereiche die Möglichkeit, ein Land in großen Zügen zu gestalten, die Gesellschaft auf die Zukunft vorzubereiten, einen Schulterschluss zu erzeugen. Politik ist für jedes Land ein wertvolles Gut, das über Wohl oder Weh einer Gesellschaft entscheidet. Ein Blick auf die Krisenherde dieser Welt untermauert diese Feststellung. Umso mehr wäre es an der Zeit, sagt Josef Pröll, der Politik und den Politikern wieder zu mehr Ansehen zu verhelfen und zu akzeptieren, dass es in keinem Bereich Perfektionismus gibt und dass jeder Mensch gute und weniger gute Seiten, Schwächen und Stärken besitzt. Wertschätzung der Politik und den Politikern gegenüber stelle auch sicher, dass die Besten bereit sind, diese schwierigen Aufgaben zu übernehmen. Fehlende Wertschätzung hingegen torpediere jegliche positive Entwicklung und forciere nur Abwehrhaltungen. Der Politik generell für das eigene Versagen oder das eigene Unvermögen Schuld zuzusprechen, sei nicht fair. Eigenverantwortung zu übernehmen sei zwar unbequem, könne aber das Leben ganz schön bereichern.

Nach einem lebensbedrohlichen Lungeninfarkt hatte der junge Vizekanzler und Parteiobmann Josef Pröll mit einem Schlag alle politischen Funktionen niedergelegt. Dem spektakulären Abgang von der Politbühne folgte ein Vorstandsjob in der Wirtschaft. Das bedeutet unterm Strich für Pröll, dass er wieder Herr seiner eigenen Zeit ist, dass er Entscheidungen gut vorbereiten, Prozesse und Optionen durchdenken und abschließen kann und dass er mehr Zeit für die Familie hat. Es bedeutet auch, noch mehr als zuvor persönliche und berufliche Netzwerke pflegen und ausbauen zu können – und das mit Genuss und Tiefgang.

Der studierte Agrarier Josef Pröll ist „zu seinen Wurzeln zurückgekehrt“. Das Prinzip der Landwirtschaft ist seit alters her immer gleich und besteht aus Anbauen, Pflegen und Ernten. Die Reihenfolge der Aktionen ist nicht austauschbar. Die Natur gibt den immer gleichen Rhythmus vor. Prozesse können kaum beschleunigt oder abgekürzt werden. Und sollte das trotzdem geschehen, hat das meist eine Verschlechterung der Qualität zur Folge, die auch mit wirtschaftlichen Einbußen einhergeht. Ökologie und Ökonomie hängen in der Land- und Forstwirtschaft eng zusammen. Wer seine Böden ausbeutet, wird bald keinen zufriedenstellenden Ertrag mehr erzielen. Dabei ist aber die Wirtschaftlichkeit die Basis für jegliche positive Entwicklung und diese beinhaltet auch das Wahrnehmen sozialer Verantwortung.

Ausgangspunkt für ein möglichst friedliches und gedeihliches Miteinander sei zunächst wirtschaftlicher Wohlstand, meint Pröll. Nur wer sich keine Gedanken machen muss, wie er seine Grundbedürfnisse deckt, wie er das Dach über dem Kopf finanziert und wie er morgen seine Kinder satt bekommt, hat auch Herz und Engagement, sich um die Natur und um andere Menschen zu kümmern. „Wir können nur reinvestieren, wenn wir zuvor Gewinne schreiben. Es steht außer Frage, dass wir gesellschaftlich dazu verpflichtet sind, aus dem Gewinn etwas in die Gesellschaft zurückfließen zu lassen. Die Frage des Ob stellt sich dabei nie, sondern nur die des Wie-Viel. Aber Gewinn, und selbst das Streben danach, darf niemals an die Grenzen gehen, darf niemals auf Kosten Dritter geschehen. Ein nachhaltiges Leben und Agieren hat immer mit Teilen zu tun: mit Ein-Teilen und Ver-Teilen etwa. Das betrifft Energieressourcen genauso wie Humankapital oder das Nutzen, aber nicht Ausnutzen der Natur. Der Mensch ist dabei das Maß aller Dinge, er ist der Mittelpunkt, um den sich alles drehen sollte. Er hat schlussendlich auch die Verantwortung, dieses Maßhalten einzufordern“, betont der Wirtschaftsmann Pröll.

Maßhalten heißt dabei aber nicht Geiz. Geiz ist nicht geil, sondern nur Ausdruck von kurzfristigem Denken. Geiz kann Ausbeutung bedeuten, Demütigung, Ausdruck von Ungleichheit und Ungerechtigkeit. Produkte, die immer noch billiger werden, können nur von unterbezahlten Arbeitskräften hergestellt werden. Schlecht bezahlte Arbeitskräfte aber sind der Ausgangspunkt für soziale Unruhe.

Neben dem *Ein*teilen und *Ver*teilen ist für Josef Pröll auch das Teil*haben* eine wichtige Säule des gesellschaftlichen Wohlstands. Es geht um das Teilhaben am Leben des anderen, am Gesamtkuchen des Glücks, des Wissens, der Erkenntnis, des Friedens. Damit wird gegenseitiges Verständnis und Vertrauen geschaffen. Teilhaben-Lassen hat auch mit dem Ausüben und Verteilen von Macht zu tun. Macht sei eine unbedingt notwendige Größe zur Durchsetzung von Zielen, sie dürfe dabei aber nie zum Selbstzweck werden.

Ziele müssen sich am Gemeinwohl orientieren. Die Musketiere hatten dafür einen Spruch, der sich an dieser Stelle irgendwie aufdrängt und der da lautet: „Einer für alle, alle für einen." Noch mehr drängt sich im Haus am Raiffeisenplatz Nummer 1 ein Zitat von Friedrich Wilhelm Raiffeisen auf, das da lautet: „Was dem Einzelnen nicht möglich ist, das vermögen viele." In den 1880er Jahren wurden tausende Bauern von ihren Höfen vertrieben, weil sie ihre Schulden nicht mehr bezahlen konnten. Da fiel die Genossenschaftsidee des deutschen Sozialreformers Raiffeisen auf besonders fruchtbaren Boden. Die Idee lebt heute noch. Raiffeisen ist mittlerweile ein weltumspannendes Imperium. Hier im österreichischen Headquarter des Konzerns, hier im Büro von Josef Pröll, ist das spürbar.

Zur Person:

JOSEF PRÖLL, geb. 1968, war als Landwirtschafts- und Umweltminister (2/2003–12/2008), danach Finanzminister und Vizekanzler (12/2008–4/2011) einer der populärsten Politiker Österreichs. Nach einer Lungenembolie trat er aus allen politischen Ämtern zurück und leitet nunmehr als Vorstandssprecher den zur Raiffeisen-Holding Niederösterreich-Wien gehörenden Mischkonzern Leipnik-Lundenburger. Auch als niederösterreichischer Landesjägermeister meldet er sich zu einschlägigen aktuellen Themen zu Wort. Er ist verheiratet und hat drei Kinder.

SOZIALES

AUF DEN SPUREN VON ERZHERZOG JOHANN
Nachhaltigkeit = Den Menschen Gutes tun

Ich bin in der Steiermark geboren und aufgewachsen und wie mir wohl jeder waschechte Steirer bestätigen wird, gibt es einen „Landespatron“, der seit Generationen über die grüne Mark wacht, der immer schon da gewesen zu sein scheint, der die Geschichte und die G'schichtln des Bundeslandes so prägt wie kein zweiter: Erzherzog Johann von Österreich, Mitglied des Hauses Habsburg, dreizehntes Kind von Großherzog Leopold, dem späteren Kaiser Leopold II. Den Cineasten ist Johanns Geschichte bekannt aus schwarz-weißen wie farbigen Spielfilmen. Die Liebesgeschichte zwischen ihm und seiner späteren Frau, der bürgerlichen Postmeisterstochter Anna Plochl aus Aussee, rührte schon unsere Vorfahren. Der Steiermark war er über ein halbes Jahrhundert größtmöglicher Förderer und Mäzen. Er war ein spektakulärer Vordenker in Landwirtschaft, Industrie, Kultur und Bildung. Er modernisierte den Bergbau und begründete das Eisenbahnwesen, war begeisterter Alpinist und Jäger, beschäftigte sich mit dem Weinbau genauso wie mit der Forstwirtschaft.

Erzherzog Johann war das Enfant terrible für seine Familie, der Schwierige, der sich nicht in das noble Leben einfügen wollte, das ihm als Mitglied des Kaiserhauses zustand. Doch obwohl er sich mit dem Hof des Öfteren im Konflikt befand, ist er dem Kaiserhaus gegenüber dennoch immer loyal geblieben. Modern und zeitlos erscheint die Aufforderung an seine adeligen Standesbrüder, sich mehr um die Probleme ihrer Untertanen zu kümmern und Lösungen dafür zu suchen.

Die militärische Laufbahn war Johann wohl vorgezeichnet und er darf sich auch rühmen, die ihm gestellten Aufgaben zur Zufriedenheit seiner Familie erledigt zu haben. Dabei kämpfte er gegen Napoleon und unterstützte den Tiroler Freiheitskampf um Andreas Hofer – dies freilich auch in Zeiten, in denen sein Bruder Kaiser Franz mit dem Franzosenkaiser Frieden geschlossen hatte, was Österreich in diplomatische Schwierigkeiten brachte und Erzherzog Johann in Ungnade fallen ließ. Trotz Sympathie für die aufständischen Tiroler war er von einer tiefen Friedenssehnsucht getrieben. In seinen Tagebuchaufzeichnungen steht: „Möchte doch das ewige Kriegen einmal enden, welche herrliche Welt, wenn die Menschen sich Gutes täten …"

Johann war dauernden Denunziationen ausgesetzt, er lebte in einer gefährlichen Feindschaft mit Fürst Metternich und musste zahlreiche militärische wie politische Niederlagen hinnehmen. Andere wären wahrscheinlich daran zerbrochen. Er aber stand nach jeder Niederlage auf und schenkte der Welt eine neue Idee. So wurde er zur unumstrittenen Identifikationsfigur eines ganzen Landes und ist es bis heute geblieben. Seinen Einfluss bezog er aus seiner Stellung als Mitglied des Kaiserhauses, seine Kraft nahm er aus der Verbundenheit mit den „Menschen aus dem Volk“. Heute lassen sich fast jedes Tal und jede Region eine eigene Tracht schneidern. Johann entschied sich bereits zu seiner Zeit für die Tracht. Sein grauer, grün besetzter einfacher Lodenrock der Jäger wurde zum äußeren Symbol der Zusammengehörigkeit. Der daraus entstandene Steireranzug wird von vielen Männern auch heute noch stolz getragen. Sie bringen damit ihre Verbundenheit mit der Heimat zum Ausdruck.

Der Erzherzog ließ nicht nur die Trachten seiner Zeit in Bildern festhalten, sondern auch Szenen aus der Arbeitswelt, aus Flora und Fauna, kleine Landschaftsstriche und ganze Gebirgszüge. Damit schuf er Kulturdokumente, die großartiger und umfangreicher nicht hätten sein können.

Erzherzog Johann starb im Jahr 1859. Wer aber mit offenen Augen und Herzen durch die Steiermark wandert, begegnet ihm heute noch auf Schritt und Tritt, in Organisationen, die er begründet hat oder für die er den Grundstein und die Grundidee gelegt hat. Es gäbe etwa die Steiermärkische Landesbibliothek nicht ohne ihn und auch nicht die Steiermärkische Sparkasse. Die Montanuniversität in Leoben, die heute in ihrem Fach über Weltruhm verfügt, geht auf seine Gründung zurück. Zuvor hatte er den Erzabbau auf dem steirischen Erzberg gänzlich umorganisiert und unter sozialen Gesichtspunkten modernisiert. Heute fahren zahlreiche Touristen mit bemerkenswerten Gefährten in die Stollen ein und bestaunen diese Wunderwerke.

Johann initiierte unzählige Bildungseinrichtungen, Vereine und Gesellschaften und schuf mit dem Brandhof bei Mariazell ein landwirtschaftliches Mustergut, von dem Impulse ausgingen, die heute noch als modern gepriesen werden. Wer heute auf der Südbahn bequem von Wien nach Graz und weiter bis nach Triest fährt, hat das Johann zu verdanken, der seinerzeit die Trassierung dieser Strecke durchsetzte.

Johann lebt in zahllosen Namensgebungen weiter. Schulen, Straßen, Hotels und Produkte sind nach ihm benannt. Zum Erzherzog-Johann-Wein kann Erzherzog-Johann-Brot gegessen werden und der Erzherzog-Johann-Käse hat international alle Preise abgesahnt. Auch die höhere Bildung und die Forschung huldigen ihrem ehemaligen Gönner und Mäzen in der Erzherzog-Johann-Universität, dem Universalmuseum Joanneum, der Forschungsgesellschaft Joanneum Research und der Fachhochschule Joanneum. Und wer ein Hohelied auf die Steiermark und seine Menschen singen möchte, tut das auch heute noch mit dem Erzherzog-Johann-Jodler. Diese Liste ist hier natürlich noch lange, lange nicht zu Ende.

Am Beispiel von Erzherzog Johann wird deutlich, dass alles, was wir im Leben tun, Auswirkungen hat auf andere, auf die Gesellschaft, vielleicht sogar auf die ganze Welt. Jede unserer Handlungen zieht Folgen nach sich, die wir oft selbst nicht mehr erleben. Gleichzeitig „ernten" wir die Auswirkungen der Handlungen unserer Umgebung und der Menschen, die vor uns lebten. Die Dinge, Aktionen, ja Gedanken bedingen und ergänzen sich in fast unglaublicher Weise. Diese Wirkung positiv – also zum Wohle der

Menschen – zu beeinflussen, ist eine Grundforderung der Nachhaltigkeit.

Als gebürtige Steirerin wage ich die Behauptung, dass Erzherzog Johann auch heute noch den Lebensweg jedes Steirers kreuzt. Bei mir war es jedenfalls so. Ich habe Erzherzog Johann natürlich nicht persönlich kennen lernen dürfen, auch wäre ich zu seiner Zeit wahrscheinlich nie in seinen Dunstkreis gekommen. Als ich zur Welt kam, war Johann bereits mehr als 100 Jahre tot. Und trotzdem hat er auf mein Leben einen enormen Einfluss gehabt. Nach meinem Studium und einigen beruflichen Umwegen war ich auf der Suche nach einem dauerhaften Job. Meine Erfahrungen in diversen Medien ermutigten mich, die Position einer Pressesprecherin anzustreben. „Wald sucht Stimme" war da in den Tageszeitungen zu lesen und Gott allein weiß, warum ausgerechnet ich zum Hearing nach Wien eingeladen wurde. Da saßen vor mir nun einige sehr freundliche Herren, deren Namen mir irgendwie bekannt vorkamen. Über ihnen prangte das Bild von Erzherzog Johann. Mit der Gewissheit, dass unter dem Schutz meines „Landespatrons" alles nur gelingen könne, absolvierte ich das Bewerbungsgespräch. Wenige Wochen später begann ich als Pressesprecherin der heutigen Land- und Forstbetriebe Österreich. Die Vor-Vor-Vorläuferorganisation dieses Vereins war die k. k. Landwirtschaftsgesellschaft, die 1819 auf Anregung von Erzherzog Johann gegründet wurde und zur Aufgabe hatte, die Bauern mit Informationen auszustatten, die ihre wirtschaftliche Lage verbessern sollten. Die neuesten Anbau- und Erntemethoden wurden da diskutiert, die Samen- und Sortenwahl, Rationalisierungsmaßnahmen und die jüngsten Erkenntnisse zu Ackerbau und Viehzucht.

Die k. k. Landwirtschaftsgesellschaft erfuhr einen so enormen Zulauf, dass regionale Dependancen geschaffen werden mussten. Diese sind die Vorläufer der heutigen Landwirtschaftskammern, deren Dachorganisation ihre Büroräumlichkeiten wieder im gleichen Haus in der Schauflergasse in Wien hat, in der einst Johann residierte – mit direktem Blick auf die Hofburg. Eine Gedenktafel im Festsaal des Gebäudes erinnert an die ersten Präsidenten dieser Gesellschaft.

Für mich zählen meine beruflichen Jahre in den Land- und Forstbetrieben zu den allerschönsten und nahezu seligsten, die ich je erlebte. Dort lernte ich den Wald lieben und verstehen und kam erstmals mit dem Thema der Nachhaltigkeit aus allererster Hand in Berührung. Dort lernte ich meinen Mann kennen, der heute mit mir auf Schloss Waldreichs im Waldviertel auf einem wunderschönen Forstgut lebt. Ach ja, und da war dann eines Tages unsere Hochzeit. Wir planten alles gewissenhaft. Die Trauung sollte im Freien, vor dem Schloss unter Bäumen zelebriert werden. Das Buffet sollte im Freien, im Innenhof des Hauses stattfinden und das mitternächtliche Freudenfeuer sowieso.

Da es im Waldviertel üblicherweise sechs Monate Winter hat und sechs Monate kalt ist, erschien uns der Freiluftplan unserer Hochzeit dann doch etwas zu gewagt und wir zogen ein Sicherheitsnetz ein. Schloss Waldreich ist ein größerer Bauernhof, die Feier kurzfristig ins Innere des Hauses zu verlegen, war unmöglich. Doch da gibt es zwei Kilometer weiter mit Ottenstein noch ein weiteres Schloss, das bedeutend wettersicherer ist und passende Räumlichkeiten hat. In Vorbereitung auf die mögliche Schlechtwettervariante inspizierte ich erstmals auch die Ottensteinsche Hauskapelle und entdeckte dabei im Altar eingelassen eine Gedenktafel an die Trauung von Franz Graf Meran mit Theresia Gräfin von Lamberg und ein bisschen lief mir der Schauer über den Rücken.

Erzherzog Johann und seine Frau Anna Plochl hatten einen Sohn, eben diesen Grafen Franz von Meran, der seine Hochzeit mit Theresia Gräfin von Lamberg in dieser Kapelle vollzog. Schloss Ottenstein war bis zum Zweiten Weltkrieg Sitz der Familie Lamberg. Von Ottenstein übersiedelte das frisch getraute Ehepaar Meran nach Schloss Stainz in die Weststeiermark. Heute erzähle ich diese „Verbindungsgeschichte" zwischen Stainz und Ottenstein gerne unseren Gästen aus der Steiermark, die auf den Spuren von Erzherzog Johann in meiner neuen Waldviertler Heimat wandeln. Und ich selber bin schon gespannt, wann mir Erzherzog Johann in meinem Leben das nächste Mal begegnen wird.

Obwohl Erzherzog Johann mit Anna Plochl nur einen Sohn hatte, eben diesen ersten Franz Graf von Meran, gibt es heute über 900 Nachkommen des „steirischen Prinzen", die in allen wichtigen Bereichen des Lebens anzutreffen sind: in der Wirtschaft genauso wie in der Kunst. Einer der berühmtesten aus der Familie ist wohl der Dirigent Nikolaus Harnoncourt, der inzwischen Weltruhm erlangt hat. Und mit Sicherheit ist damit die Geschichte des Erzherzogs Johann noch lange nicht zu Ende.

Archiv Tyrolia

Zur Person:
ERZHERZOG JOHANN von Österreich (geboren am 20. Jänner 1782 in Florenz, gestorben am 11. Mai 1859 in Graz) war Mitglied des Hauses Habsburg. Zu seiner Zeit war der „steirische Prinz" bedeutender Förderer, Mäzen und Vordenker. Seinen Initiativen begegnet man heute noch auf Schritt und Tritt in der Steiermark. Bekannt und beliebt ist auch die Geschichte seiner Ehe mit der bürgerlichen Postmeisterstochter Anna Plochl aus Aussee.

BEGEGNUNG MIT MARTIN HAIDERER
Nachhaltigkeit = Geben und Nehmen

Milli war für mich über viele Jahre hinweg nicht nur eine bemerkenswerte Branchenkollegin, sondern auch eine liebe Freundin. Sie ist eloquent, souverän, sachlich absolut firm, kommunikativ, freundlich, liebenswürdig, attraktiv, einfach alles das, was man über eine tolle Frau sagen kann. Milli hat einen wirklich guten Job als Pressesprecherin, ist regelrecht erfolgsverwöhnt, genießt die Sicherheit eines interessanten Arbeitsplatzes und liebt ihren Ehemann, der sie auf Händen trägt. Und trotzdem. Irgendetwas fehlte. Still und heimlich begab sie sich auf die Suche nach dem einen fehlenden Puzzle-Teil, das ihr Leben vollständig machen sollte. Und sie fand das Teil! Ihre Suche endete an einer Stelle, wo ich sie nie vermutet hätte.

Als Milli mir eines Tages davon erzählte – und sie hat sicher vielen davon erzählt – funkelten und strahlten ihre Augen so, wie ich es nie zuvor an ihr bemerkt hatte. Dieses Strahlen war so hell und kam so direkt aus ihrer Seele, dass ich es wohl kaum vergessen werde. Und an dieser Stelle sei das große Geheimnis gelüftet: Milli versuchte sich in ihrer eher spärlichen Freizeit als Lebensmittellieferantin. Besser gesagt: sie begleitet Kleintransporter, die schon fast abgelaufene Lebensmittel in den Supermärkten abholen und an soziale Einrichtungen verteilen. Milli tut das ausschließlich ehrenamtlich und – so wie ich sie einschätze – legt sie manchmal heimlich noch ein Sümmchen drauf. Milli hatte das Bedürfnis, mehr zu tun als ihr Leben pompös mit Erfolg und Glitter auszustatten. Sie wollte etwas von dem Guten und Schönen zurückgeben, das ihr Leben ausgestaltet und das andere vielleicht vermissen. Milli gibt ihre Zeit, ihr Engagement, ihre Zuneigung und bekommt dafür – Glück. Das ist wohl die kostbarste Währung, in der Menschen handeln können.

Eigentlich geht es in diesem Beitrag nicht um Milli. Sie steht hier nur stellvertretend für die hunderten Mitstreiterinnen und Mitstreiter von Martin Haiderer. Denn eigentlich ist das die Geschichte von Martin Haiderer, dem Initiator der „Wiener Tafel".

Haiderer ist gelernter Sozialarbeiter. Das aber ist nur die „Ecke", aus der er kommt. Und aus dieser „Ecke" hat er sich weit fort bewegt, ohne dabei zu vergessen, woher er kommt. Ich glaube, Haiderer lässt sich gut beschreiben als gelungene Kombination aus klugem Beobachter, beherztem Menschenkenner und genialem Kommunikator. Diese Menschenmischung wird noch durchdrungen von einer feinen, edlen Schicht aus wirtschaftlichem Standvermögen, ökonomischer Weitsicht und einer Motivationsfähigkeit zum Quadrat.

Hinter all dem steht aber keine Berechnung, sondern nur eine soziale Art von Mathematik: Minus und minus ergibt plus. Zwei Fehlentwicklungen unserer Gesellschaft, die jeweils für das Minus stehen, ergeben – nicht nur ein mathematisches – Plus. Auf der einen Seite leben immer mehr Menschen in wirtschaftlichen Verhältnissen, die gesunde, abwechslungsreiche Nahrung kaum leistbar machen. Auf der anderen Seite leben Menschen in wirtschaftlichen Verhältnissen, die es ermöglichen, ein Drittel der sorgsam und hochwertig produzierten Lebensmittel nach dem Erwerb einfach wegzuwerfen. Die Armuts- und die Wegwerfgesellschaft existieren im gleichen Land zur gleichen Zeit nebeneinander. Die Wiener Tafel ist im besten Sinne des Wortes die Brücke zwischen dem einen und dem anderen. Lebensmittel, die wegen des nahenden Ablaufdatums nicht mehr verkäuflich sind, werden Sozialeinrichtungen zu Verfügung gestellt.

Anfänglich geschah dies im engsten Umfeld. Drei, vier Geschäfte haben mitgemacht. Der Transport erfolgte mit Fahrrädern. Heute – vierzehn Jahre später – arbeiten rund 400 Freiwillige für die Organisation. Täglich werden drei Tonnen „Über-Lebensmittel“ mit fünf Lastkraftwagen an 16.000 Bedürftige in fast hundert sozialen Einrichtungen im Großraum Wien transferiert. Es gibt kein Zwischenlager. Die Lebensmittel werden direkt aus den Supermärkten abgeholt und zu den Menschen gebracht. Die Firmen stellen die Waren zu Verfügung, die Ehrenamtlichen sorgen für den Transfer. Private Sponsoren springen hie und da ein. Später erst, als das System eine gewisse Größe erreicht hatte und gut in die Gänge gekommen war, wurden Beschäftigte angestellt. Behutsames Wachstum ist das Zauberwort. Step by step, nicht alles auf eine Karte setzen, nur nach Leistbarkeit und Machbarkeit agieren und trotzdem weit in die Ferne schauen. Seit dem Jahr 2000 funktioniert das nach diesem System.

In Österreich lebt eine Million Menschen, die als armutsgefährdet gelten. Almosen aber braucht kein einziger von ihnen. Oder besser gesagt, sollte kein einziger bekommen. Almosen Geben verstärkt nur die Armut, davon ist Martin Haiderer überzeugt. Alles muss auf Augenhöhe geschehen, in gegenseitigem Respekt und zum Vorteil des einzelnen. Irgendwie klingt das alles etwas realitätsfremd, ein bisschen sozialromantisch, fernab des Machbaren. Als Endziel steht da die Win-Win-Situation für alle Beteiligten. Und bei näherer Betrachtung gelingt das auch – hervorragend!

Ein Beispiel gefällig? Ein Becher Joghurt kostet in der Produktion rund 15 Cent. Die ordnungsgemäße Entsorgung desselben Yoghurtbechers kostet aber 75 Cent. Wenn das Ablaufdatum gefährlich näher rückt, ist es deshalb wesentlich billiger, den Yoghurtbecher zu verschenken, als ihn zu entsorgen. Sowohl Geber als auch Nehmer sind also Gewinner. Doch es geht bei Weitem nicht nur um wirtschaftliche Vorteile. Lebensmittel zu essen, statt sie wegzuwerfen, bedeutet auch Schonung der Umwelt. Für immer mehr Menschen auf der Welt müssen immer mehr Lebensmittel erzeugt werden. Die Produktion dieser Lebensmittel braucht immer mehr Grund und Boden. Grund und Boden sind aber nicht unbegrenzt verfügbar, also muss auf gleichbleibender Fläche immer mehr erzeugt werden. In manchen Teilen der Erde gelingt das nur mehr unter Ausbeutung der Natur. Mit jedem Bissen Brot, jedem Stück Fleisch, das wir wegwerfen, verschärfen wir diese Situation zusätzlich.

Essen und unsere Lebensmittel sind ein Teil unserer Kultur. Der respektlose Umgang damit macht uns kleiner, als wir sein wollen. Essen hat die Menschen schon immer miteinander verbunden. Bei der „Wiener Tafel" geschieht dies auf besondere Art und Weise. Überbringer und Empfänger gehen aufeinander zu, haben Berührungspunkte, die sie sonst nicht hätten. Menschen, die aus gänzlich unterschiedlichen Societäten kommen, begegnen einander plötzlich, lernen einander kennen, erweitern den persönlichen Horizont, tauschen sich aus, tauchen ein in die Kultur des anderen. Das alles geschieht ohne Ansehen der Religion, der Parteizugehörigkeit oder der Nähe zu einer bestimmten Organisation. Wo sonst gibt es das?

„Wirkung entsteht durch Veränderung", sagt Martin Haiderer und zitiert dabei Mahatma Gandhi: „Sei selbst die Veränderung, die du in der Welt sehen möchtest."

„Wer Wirkung erzeugen möchte, muss bei sich selber anfangen", sagt Martin Haiderer und hat es selber auf exemplarische Art und Weise vorgemacht. Niemand kann die Welt alleine retten, aber jeder kann in seinem unmittelbaren Umfeld damit anfangen. Die guten Lösungen und Ansätze sind dabei immer die einfachen, diejenigen, die überschaubar und machbar sind. Auch wenn wir mit den Füssen auf der Erde stehen, dürfen wir mit dem Kopf in den Wolken sein. Das scheint eine sehr probate Mischung zu sein.

Geben und Nehmen ist dabei das gelebte Grundprinzip: Geben und Nehmen von Dingen, von Leistungen, von Wertschätzung, von Anerkennung, von Erfahrung, von Verständnis. Geben und Nehmen muss immer auf Augenhöhe erfolgen, sonst gerät das System in Schieflage. Schieflage wiederum erzeugt Abhängigkeit, Aggression und Unzufriedenheit. Martin Haiderer hat es mit der

„Wiener Tafel" geschafft, für viele Menschen aus einer Schieflage eine Spirale zu formen, die wieder nach oben führt. Das gelingt zum Teil durch die Umkehrung der Verhältnisse: Die „Geber" werden zu den Beschenkten.

Martin Haiderer ist aber schon wieder einen Schritt weiter. Derzeit leitet er die Wohnungslosenhilfe der Caritas und initiiert nebenbei Projekte für ausgrenzungsgefährdete Jugendliche. Zudem verdient er seinen Lebensunterhalt als Organisationsentwickler. Er hilft Unternehmern, alle Aspekte der Nachhaltigkeit in die Wertschöpfungskette ihrer Produkte und ihres Betriebes zu implementieren. Es geht dabei immer um Ansätze, die mithelfen, die Welt ein bisschen besser zu machen, und die gleichzeitig auch wirtschaftlich erfolgreich sind. Wirtschaftlichkeit ist die Basis dafür, dass man ökologische, soziale und kulturelle Vielfalt leben kann. Und erst diese Vielfalt, diese vielen Säulen tragen gemeinsam das Dach der Welt sicher. Und ganz nebenbei macht das System auch Menschen wie meine Freundin Milli glücklich.

Zur Person:

MARTIN HAIDERER ist studierter Sozialarbeiter, Magister der Philosophie, Politologe und systemischer Berater. Breite Bekanntheit erlangte er als Obmann und Gründer der „Wiener Tafel". Die Idee besteht darin, Lebensmittel mit nahem Ablaufdatum aus Industrie, Landwirtschaft und Handel abzuholen und Sozialeinrichtungen unentgeltlich zuzustellen. Die Organisation wird großteils von ehrenamtlichen MitarbeiterInnen getragen.

FARBENFROH UNTERWEGS MIT OTTO HIRSCH

Nachhaltigkeit = Spuren hinterlassen

Das ist eine wirklich sportliche Geschichte, die ich Ihnen nun erzählen möchte. Es geht um die „Mutter aller Sportarten“ in unseren und anderen Breiten, nämlich um Fußball. Ich selber habe mich – wie viele Frauen – eigentlich noch nie für diese Sportart interessiert. Doch das hat sich in einer kühlen Jännernacht in Linz grundlegend geändert. Bei einer Veranstaltung stehen Franz Beckenbauer, den manche auch als den „Kaiser“ bezeichnen, und Österreichs Fußballlegende Herbert „Schneckerl“ Prohaska gemeinsam mit dem charismatischen Chef der österreichischen Fußballnationalmannschaft, Marcel Koller, auf der Bühne, daneben strahlt der Linzer Jahrhundertfußballer Helmut Köglberger (kurz Kögerl) und im Publikum sitzen die Eltern des nationalen Fußballerlieblings David Alaba. Beckenbauer, Prohaska, Koller, Köglberger, Alaba: das sind Namen, die sogar Fußballverweigerern gut im Ohr klingen. Und plötzlich steht es an diesem Abend im noblen Gebäude einer großen Bank 1:0. Es ist ein Eins zu Null gegen die Armut und soll Hoffnung für die Zukunft bringen.

„Hope for Future“ so heißt auch jenes Sozialprojekt, das Kindern aus dem Slum Korogocho in Nairobi zugute kommt. Es geht an diesem Abend darum, möglichst viele Paten für die Fußballakademie „Acakoro“ zu gewinnen. Die Idee dazu ist einfach und genial zugleich. Die Fußball-Akademie soll die Kinder aus den Slums holen, ihnen den Besuch einer Schule und eine Ausbildung zum Profifußballer ermöglichen. So nebenbei gibt es auch noch täglich eine warme Mahlzeit, einen geregelten Tagesablauf, Zuwendung, Disziplin, Toleranz, Teamgeist, Selbstbewusstsein, Respekt, Wertschätzung und die Kompetenz, Konflikte friedlich zu lösen und sich für Ziele einzusetzen. Für Kinder, die aus dem Vorhof zur Hölle kommen, nichts anderes als Gewalt und Ausbeutung kennen und sich sonst vom Abfall der anderen ernähren müssen, sind das gänzlich neue Erfahrungen.

Zu diesem Fundraising-Abend sind tausende Menschen gekommen. Fernsehkameras, Politiker, Geistliche, Schauspieler, Hochadel und Arbeiter in einem fröhlichen Durcheinander. Auf der Bühne steht auch – nicht vorne weg, sondern mitten drinnen – Otto Hirsch, der auf seiner Visitenkarte stehen hat „Hope for Future, Projektleiter“. Da steht schlicht und einfach: Projektleiter. Hinter dieser schlichten Bezeichnung tut sich jedoch die überaus bunte und andere Welt des Malermeisters Otto Hirsch auf, in vierter Generation Herrscher über ein eingesessenes und angesehenes Unternehmen in der Stadt.

Doch nicht von den satten wirtschaftlichen Erfolgen des Malermeisters soll hier die Rede sein, sondern vom „Reisenden“ Otto Hirsch. Diese Reise hat für den Malermeister vor Jahren bei den Pfadfindern begonnen und führt ganz tief hinein in die wahren, die wirklichen und großen Probleme, die diese Welt hat. Die Reise führt aber auch weiter zu Lösungen, zu Veränderungen, zu Menschen, die echte und ehrliche Wegbegleiter sind quer durch steile Schluchten und unwegsame Täler von Armut und Gewalt.

Wer Otto Hirsch am Handy sprechen möchte, wird ihn antreffen irgendwo zwischen Tschechien, Polen, Rumänien, Russland, Ungarn, Deutschland, Österreich, Slowakei, Bulgarien, Palästina, England, Lettland, Irland, Belgien, Slowenien, Jersey, Moldawien, Aserbaidschan, Italien. Denn überall dort hat er Tochterfirmen oder arbeitet gerade an Projekten. Wer diese Länderliste um seine Sozialprojekte ergänzen möchte, muss noch Afghanistan, Uganda, Kenia und … hinzufügen.

„Wenn mein Leben Sinn haben soll, so muss ich Spuren hinterlassen, die über meinen Tod hinaus gehen", hat Otto Hirsch für sich erkannt. Beim Spurenlegen hilft ihm ein lebenslang gehütetes Netz an Menschen, die ihm sehr nahe sind oder die er in seinem Leben nicht mehr loslassen möchte. Das sind Familienmitglieder, Pfadfinderfreunde, ehemalige Schulkameraden, berufliche Weggefährten, die erste Liebe oder auch Geistliche wie Abtpräses Christian Haidinger vom Stift Altenburg. Ganz oben steht da die Runde vom 23. Dezember. Das ist jene Runde von verlässlichen Getreuen, die sich Jahr für Jahr am Tag vor dem Heiligen Abend trifft, um miteinander die eigene Reise zu unterbrechen und wieder auf eine gemeinsame Hauptstraße einzubiegen.

Otto Hirsch ist Geschäftsführender Gesellschafter der Betriebe, die seinen Namen tragen. Aber die Unternehmen „gehören“ ihm nicht. Er selbst betrachtet sich als Verwalter, als Berater, als Entwickler. „Expansion“, sagt er, „geht nur über den Preis. Doch mit dieser Taktik mache ich die Menschen kaputt.“ Deshalb funktionieren alle Auslandsbeteiligungen des Otto Hirsch ganz anders als die üblichen Modelle. Die Betonung liegt dabei aber auch ganz klar auf dem Wort „funktionieren“.

An den regionalen Beteiligungsmodellen, die Hirsch fast überall in der Welt aufbaut, sind die Menschen – wie der Name schon sagt – beteiligt. Wer seine Arbeitskraft einbringt, tut das nicht für den Chef da oben, sondern für sich selbst. Wer das Unternehmen bestiehlt, bestiehlt sich selbst. Miteinander soll das gemeinsam Geschaffene beschützt werden. Das Geld, das in manchen Ländern sonst fast selbstverständlich für „Schmieraktionen“ zur Seite geschafft wird, kommt dem gemeinsamen Benefit zugute. Selbst in Russland. Wenn ein Projekt sich selber trägt, wenn sich die Strukturen gefestigt haben und Aussicht auf dauerhaften Erfolg besteht, setzt der Projektentwickler Hirsch seine Reise fort. Oft, wenn er Jahre später an den gleichen Ort zurückkehrt und sehen möchte, wie sich alles entwickelt hat, kommt es schon vor, dass die Menschen, die jetzt dort leben und arbeiten, nichts mehr von ihm wissen, ihn nicht mehr erkennen. „Es ist wichtig, sich keine Denkmäler zu setzen, sondern Spuren zu hinterlassen. Und es ist nicht wichtig, dass die Spuren mit einem Namen verbunden sind, sondern dass die Spuren die Welt zum Besseren verändert haben“, betont Hirsch und dabei ist kein Bedauern des möglichen Vergessenwerdens, der fehlenden Huldigung, der verpassten Pflege der Eitelkeit zu spüren. Und er zieht weiter. Es gibt noch so viel zu tun.

Wie an jenem Tag, als er sich ziemlich unerwartet in einem Projekt in Afghanistan wiederfand. Der Krieg hat das Land noch ärmer gemacht und die Ärmsten an den Rand des Lebens gedrängt. Frauen, die der Krieg ohne Männer und damit auch ohne Schutz und ohne Einkommen zurückgelassen hat, landen in Afghanistan am äußersten Rand der Gesellschaft. Ihre Kinder ebenso. Jeder, der das Land kennt oder zumindest die Medienberichte dazu verfolgt, ahnt, dass gerade selbstbewusste, unternehmerische Frauen nicht unbedingt zum Straßenbild gehören. Trotzdem ist genau das, ebendort in einem Projekt mit 40 Frauen gelungen. Eine Reihe von Nähmaschinen, gepaart mit der hohen Textilkultur des Landes und den geschickten Händen der Frauen ließ eine Textilfabrik in die Höhe wachsen, die mit einem Repertoire an Arbeitsanzügen und Uniformen genau auf den Markt reagiert hat. Ein Freund aus der Caritas, der immer schon einmal eine Textilfabrik besonderen Zuschnitts aufbauen wollte, wurde hinzugezogen und nebenbei entstand noch ein Kindergarten, in dem die Arbeiterinnen ihren Nachwuchs unbesorgt abgeben konnten. Und eine Berufsausbildung war auch noch drinnen. „Solidarität gegen Krieg“ ist nicht nur der Titel der Initiative, sie beendet auch den Krieg in den Herzen. Projekte wie diese gehen nicht ohne Schwierigkeiten vonstatten, doch „Schwierigkeiten sind nichts anderes als Prüfungen, denen man sich stellen sollte. Wer jedoch klar an seine Grenzen kommt, sollte diese respektieren. Es hat keinen Sinn, zum Märtyrer zu werden.“

Manchmal jedoch sollte man sich etwas trauen, wie die folgende Begebenheit beweist. In Sarajevo sollte ein Haus für traumatisierte Kriegsgefangene angekauft werden. Ohne Geld und ohne Aussicht auf Geld für den Betrieb. Otto unterschreibt trotzdem den Vertrag. Die Familie tobt, versteht die Welt nicht mehr. Die Geschäftspartner sind sich mit der Familie einig. Aber kurz bevor die Sache platzt, wird bekannt, dass eine bislang nicht gekannte Frau eine überaus großzügige Erbschaft hinterlassen hat, die genau die Dimension dieses Projektes hat. Um es kurz zu machen: Das Projekt wurde erfolgreich umgesetzt. Die protestierenden Stimmen sind ein für alle Mal verstummt.

Es gäbe noch so viel zu sagen, zu fragen, zu erfahren. Doch Otto Hirsch muss weiter: Spuren ziehen. Wie war das mit dem Friedensdorf in Kroatien, mit dem Behindertenprojekt in Rumänien, den Streetworkers in Oberösterreich oder dem Kindergartenprojekt in Tschetschenien? Otto Hirsch nimmt kräftige Worte in den Mund, scheut sich nicht, das Unrecht beim Namen zu nennen, spricht von der 13-Jährigen, die jeden Tag auf den Strich gehen muss, um ihre Familie zu ernähren, von den jungen Soldaten, die im Krieg auf bestialische Weise vergewaltigt wurden, und ihren Seelen, die das nicht ausgehalten haben. Der Kampf gegen Unrecht und Ungerechtigkeit sei seine Triebfeder, der Motor dafür, etwas zu ändern. Es gibt noch so viel zu tun. Die Reise muss weitergehen. Keine Zeit dafür, Denkmäler zu polieren. Weiter. Weiter. Weiter. Zur Fußballakademie in Nairobi. Immerhin gibt es da ein Versprechen, das er Missionsschwester Lydia gegeben hat, kurz bevor sie gestorben ist. Es geht darum, den Kindern aus den Slums eine Perspektive zu geben, sie aus dem Teufelskreis der Armut und des Verbrechens herauszureißen. In den geplanten Schulen sollen die Jugendlichen Bäcker, Techniker, Baupoliere werden. Oder eben professionelle Fußballer und Fußballerinnen. Ja, zum Training werden auch talentierte Mädchen zugelassen. Und Schwester Lydia hätte das alles so sehr gewollt. Ein gegebenes Wort muss halten. Das nächste Spiel muss geplant werden. Die jungen Sportler gehen hinaus aus ihrer unmittelbaren Welt, messen sich mit anderen, erfahren Wertschätzung, lernen über den Sport Menschen aus anderen Schichten kennen, denen sie sonst niemals begegnet wären. Die Welt rückt näher zusammen. Da bleibt kein Raum dazwischen für Streit, Mord und Missachtung. Wir begegnen uns auf Augenhöhe – und in Frieden.

„Gehe nicht, wohin der Weg führen mag, sondern dorthin, wo kein Weg ist, und hinterlasse eine Spur", zitiert Otto Hirsch den großen deutschen Dichter der Aufklärung, Jean Paul. Otto Hirsch hat schon so viele Spuren hinterlassen.

Zur Person:
OTTO HIRSCH ist gelernter Malermeister, Geschäftsführer dreier Unternehmen, die seinen Namen tragen, und Projektentwickler. Er ist ehrenamtlich engagiert in zahlreichen Sozialprojekten rund um die Welt, u. a. bei „Hope for future".

IM GESPRÄCH MIT NICOLE PROP
Nachhaltigkeit = Zurück zur Natur

Es gibt Menschen, die „stehen für etwas" und jeder assoziiert damit das gleiche. Elmayer steht für Tanzschule und gutes Benehmen, Tostmann steht für Trachten, Plachutta für Rindfleisch ... In der Welt, in der ich zu tun habe, steht Nicole Prop für Green Care. Sie kennen weder Nicole Prop, noch wissen Sie, was Green Care ist? Macht nichts, das werden wir gleich ändern!

Green Care ist ein Sammelbegriff für soziale Interaktionen, die auf einem aktiven land- bzw. forstwirtschaftlichen Betrieb in Kooperation mit einem Sozialträger oder einer Institution stattfinden und zur Gesundheit und zum Wohlbefinden der Bevölkerung beitragen. Solche Interventionen bzw. Interaktionen können im Bereich der tiergestützten Therapie/Pädagogik, Gartentherapie, Waldpädagogik, Prävention und Gesundheitsförderung, Behindertenhilfe, Kinderbetreuung, Jugendhilfe, Altenbetreuung und vieles mehr sein. Die technische Definition ist wesentlich umfangreicher, aber die Erfinder der Definition mögen mir hier die Kurzversion erlauben.

Die Idee von Green Care verknüpft Probleme unserer Zeit und bietet mögliche Lösungsansätze an. So sind etwa land- und forstwirtschaftliche Betriebe zunehmend gezwungen, sich zu diversifizieren, weil die klassische Landwirtschaft in vielen Fällen nicht mehr ausreicht, um dauerhaft ein wirtschaftlich sorgenfreies Leben zu gewährleisten. Neue „Geschäftsfelder“ müssen also erschlossen werden, um nachhaltig überleben zu können. Gleichzeitig ist das Sozial- und Gesundheitssystem zunehmend überlastet, weil Wohlstand, Stress und falsches Wettbewerbsdenken immer mehr Menschen krank machen. Die Verknüpfung beider Problemstellungen führt bei Green Care zu einem gemeinsamen kleinsten Nenner und dieser heißt: Aktivitäten mit und in der Natur. Bei Gartenarbeit, bei der Begegnung mit Tieren, bei ausgedehnten Spaziergängen und ruhigen Erkundungstouren durch den Wald, beim Brot Backen oder Marmelade Einkochen kreuzen sich die Wege von Menschen unterschiedlicher Herkünfte und Bedürfnisse. Es entsteht etwas Neues.

Nicole Prop hat Green Care nicht erfunden. Sie würde sich eine solche Behauptung auch aufs Schärfste verbieten. Green-Care-Aktivitäten gibt es seit vielen Jahren in vielen Ausprägungen und Aktionsfeldern in vielen Ländern. Vorreiter sind Holland, Norwegen und Italien. Nicole Prop ist aber so etwas wie das „Schwungrad“ dieser Bewegung in Österreich geworden. Und das kam so: Nicole ist Holländerin, studierte in ihrem Heimatland Wirtschaft und war in ihrer Profession überaus erfolgreich in Großkonzernen tätig. Vorzugsweise beschäftigte sie sich damit, Renditen zu optimieren. Dabei hatte sie die Aufgabe, Geschäftsideen so zu entwickeln, dass sie möglichst große wirtschaftliche Höhenflüge vollbringen. Share-Holder-Value ist dabei das oberste Gebot. Nach Ökologie, Sozialem und Kultur wird da nicht unbedingt gefragt. Nicole lebte in einer Welt, in einer Blase voller Künstlichkeiten und sozialen Fernen. Eines Tages im Jahr 2002 platze diese „Blase" und die Welt staunte. Nicole blieb – noch – in dieser Welt. Sie ging erst, als ihr Chef und Mentor eines Tages neben ihr in der Warteschlange irgendeines Flughafens tot zusammenbrach. Er hatte in seiner Welt vergessen, dass er auch ein reales Leben hatte, in dem Herzen auch versagen können und kein Reload mehr möglich ist.

Nicole fand inneren Abstand und startete als absolute Quereinsteigerin eine Ausbildung für tiergestützte Pädagogik. Im Zuge ihrer vorgeschriebenen Praxiszeit begegnete sie Menschen mit Essstörungen und mit Down-Syndrom. Das veränderte ihr Leben endgültig. Die Währung, in der hier „bezahlt" wurde, war Vertrauen, Zuneigung und Ehrlichkeit. Diese Welt war so anders als die Welt, in der sie bislang gelebt hatte.

Etwa zu dieser Zeit gingen Nicoles Eltern, die in Holland leben, in Ruhestand. Und weil beide noch zu jung und agil waren und sind, um geduldig auf das Ende zu warten, engagierten sie sich ehrenamtlich auf einem nahe gelegenen Green-Care-Bauernhof, eigentlich einem kleinen Gut. Hier finden Menschen mit Behinderung oder alte und kranke Menschen eine sinnvolle Tätigkeit. Am Gut wird Brot gebacken, Holz gehackt, der Garten gepflegt, Obst und Gemüse geerntet. Die köstlichen Kuchen werden in der hauseigenen Kaffeestube verkauft.

Nicoles Eltern gingen ganz in ihrer ehrenamtlichen Tätigkeit auf und steckten ihre Tochter mit ihrer Begeisterung an. Nicole nahm die Inspiration aus der tausend Kilometer weit entfernten holländischen Heimat mit nach Österreich. Ihre Praxiserfahrung, ihr wirtschaftliches Wissen, ihre zusätzlichen Ausbildungen und die Begeisterung ihrer Eltern verpackte sie in einen Förderantrag für Green Care. Denn die Grundstrukturen für die umfassende Idee Green Care mussten aufgebaut werden, Versicherungs- und Finanzierungsfragen für mögliche Green-Care-Betriebe abgeklopft werden, eine formale Ausbildung musste vorangetrieben, Förderbedingungen mussten ausgearbeitet werden, die Idee an sich musste bekannt gemacht werden. Last but not least sollten auch Menschen gefunden werden, die diese Green-Care-Idee mit Leben und Aktivitäten erfüllen. Vereinzelt gab es sie schon, aber das Potential ist riesengroß. Ermutigung tut immer Not.

Die Idee war hierzulande weitgehend unerprobt, die Mitstreiter ließen auf sich warten. Doch Nicole konnte nicht mehr warten. Sie hatte ihre Bestimmung gefunden. Sie kündigte ihre sicher scheinende Stelle, und was danach kam, bezeichnet sie als „interessante Zeit“. Wer Dienstwagen, Sekretärin, schickes Innenstadtbüro und ein großzügiges Einkommen gewohnt ist, für so jemanden ist der damit einhergehende Verlust von Prestige eine prägende Erfahrung. Jetzt, einige Jahre später, haben sich die Mitstreiter in eine Heerschar verwandelt und Nicole hat sich mit Green Care ihren neuen Arbeitsbereich geschaffen. Was dazwischen liegt, sind konsequente Arbeit, unendliches Netzwerken, eine Charmeoffensive nach der anderen, Informationsveranstaltungen, Tagungen, Konferenzen, bei denen sich Rückschläge und Niederlagen mit Euphorie abwechseln. Nicole lebt für Green Care, versucht auf der einen Seite Bäuerinnen und Bauern davon zu überzeugen, dass sich in sozialen Dienstleistungen neue, erfüllende Einkommensquellen erschließen. Auf der anderen Seite motiviert sie Mediziner, Krankenkassen, Politiker und Bildungseinrichtungen, mit an Bord zu kommen. Die Idee steht vor dem Durchbruch, ist eine willkommene Ergänzung und eben keine Konkurrenz zu bestehenden Angeboten.

Green Care ist keine sentimentale Tagträumerei oder oberflächliche Sozialromantik. Das wird vielen zunehmend klarer. Aber Träume und ein gewisses Maß an Unbelastetheit sind gute Wegbegleiter zum Erfolg. Oft ist es dabei hilfreich „von außen" zu kommen, die „Für und Wider", die Fallstricke, die verknöcherten Strukturen nicht zu kennen, die jede gute Idee von vornherein verurteilen. „Wüsste die Hummel, dass sie nach allen Regeln der Physik zu schwer zum Fliegen ist, könnte sie sich nie in die Lüfte erheben", kommentiert Nicole ihren Weg.

Überzeugen ist das Motto des Erfolgs, nicht missionieren oder gar überrumpeln. Überzeugungsarbeit ist zwar mühsamer als Überrumpelungstaktik, dafür aber wesentlich dauerhafter – um nicht zu sagen nachhaltiger. Am Ende eines guten Weges tut sich immer eine Win-Win-Situation auf, so wie sie bei Green Care im hohen Maße zutrifft. Land- und Forstwirtschaft in Kooperation mit Sozialträgern und Institutionen bieten Grund und Boden und soziale Dienstleistungen in und mit der Natur und schaffen für sich neue Einkommensmöglichkeiten. Gleichzeitig wird das überlastete Sozial- und Gesundheitssystem entlastet. Doch Geldverdienen und Entlastungsstreben werden überstrahlt von der Gewissheit, Freude und Genugtuung, einen echten Beitrag für unsere Gemeinschaft zu leisten. Nicole bringt das eine mit dem anderen zusammen.

Gerne stellt Nicole die Vorkämpfer ins Rampenlicht. Da gibt es beispielsweise den Adelwöhrerhof in der Steiermark: Ein Bauer und seine Frau, eine diplomierte Krankenschwester, bauen ihren Bauernhof um und machen ihn zu einem Musterbeispiel für Altenbetreuung. Die alten Menschen, die dort leben, können ihren letzten Lebensabschnitt in jener Region verbringen, in der sie bereits ihr ganzes Leben verbracht haben, und werden nicht in ein fremdes Umfeld verpflanzt. Die alten Menschen können außerdem am Hof mit dabei sein und mitarbeiten, wenn sie wollen, und werden nicht aufs Abstellgleis gestellt. Beispiele wie den Adelwöhrerhof gibt es inzwischen viele, doch für Nicole sind es noch viel zu wenige. Trotzdem sagt sie über Green Care und ihr eigenes Leben: „Wenn es stimmig ist, stimmt's. Und es stimmt."

Zur Person:
NICOLE PROP ist gebürtige Holländerin. Sie studierte Betriebswirtin und Unternehmensberaterin, ist aber auch zertifizierte Outdoorpädagogin und akademisch geprüfte Fachkraft für tiergestützte Therapie und Fördermaßnahmen. Sie blickt auf mehr als 20 Jahre nationale und internationale Managementtätigkeit in den Bereichen Telefonie, Internet und Private Equity zurück, aber auch auf NGO-

Foto: LK Wien, Poncioni

Erfahrung im Bereich Marketing und Fundraising. Sie wirkte 2002–2003 als ehrenamtliches Vorstandsmitglied bei Fairtrade und von 2006 bis 2013 bei „Kleine Herzen", einem Verein zur Unterstützung von Kindern aus der Ukraine und Russland.
Seit März 2011 ist sie Projektleiterin „Green Care". Green Care ist ein Pilotprojekt der Landwirtschaftskammer Wien mit Unterstützung des Bundesministeriums für Land- und Forstwirtschaft, Umwelt und Wasserwirtschaft, der Länder und der EU. Mehr unter: www.greencare-oe.at

IM SCHLOSS MIT GEORG STARHEMBERG

Nachhaltigkeit = Die Nachwelt im Blick haben

„Non nobis, sed posteris. – Nicht für uns, sondern für unsere Nachfahren“ lautet der Wappenspruch des Hauses Starhemberg. „Apostelgeschlechter“ werden diese Familien des Hochadels genannt, die bereits zur Zeit der Babenberger, also vor bald tausend Jahren, eine nicht unbeträchtliche Rolle in unseren Ländern gespielt haben. Die Starhemberger waren über all die Jahrhunderte hinweg einflussreiche Berater von Kaisern und Königen, geschickte Diplomaten und kämpferische Geister. Maria Theresia dienten sie ergebenst mit Herz und Schwert. Gegen Napoleon und den allmächtigen Staatskanzler Metternich wiederum stiegen sie unverdrossen in den Ring. Der bekannteste unter allen ist wahrscheinlich Ernst Rüdiger Graf Starhemberg, der erfolgreiche Verteidiger Wiens bei der Türkenbelagerung 1683. Wenn es für gut befunden wurde, stimmten Mitglieder der Familie sogar beherzt gegen die eigenen Interessen, so wie das Camillo Rüdiger tat, als er im Revolutionsjahr 1848 im Landtag für die Abschaffung der Adelsprivilegien votierte. In den 1930er Jahren engagierte sich Ernst Rüdiger Fürst Starhemberg im Abwehrkampf Österreichs gegen Adolf Hitler.

Nein, Feiglinge, bitte schön, waren die Starhemberger zu keinem Zeitpunkt. Was wohl die Beweggründe dafür waren, den unbequemen Weg zu gehen? „Non nobis, sed posteris. – Nicht für uns, sondern für unserer Nachfahren“, steht auf ihrem Wappen.

Der aktuelle Chef des Hauses Starhemberg ist Georg Starhemberg, der mit seiner Familie am Stammsitz des Geschlechts im oberösterreichischen Eferding lebt. Als wir dieses Gespräch über Nachhaltigkeit führen, sitzen wir im großen, hellen Büro des Fürsten. Es gibt hier einen modernen Computer und ein uraltes Wählscheibentelefon. „Nachhaltigkeit – ein No-Na-Thema“ meint der Fürst. Ein Baum braucht 100 oder 150 Jahre, bis er hiebsreif ist. Das ist ein sehr überschaubarer Zeitraum für einen Mann, der gewohnt ist, in deutlich größeren historischen Zeiträumen zu denken. Ein Glied in einer tausend Jahre langen Geschichte zu sein, macht auf der einen Seite stolz und gibt Kraft. Auf der anderen Seite macht es offenbar auch demütig, einfach zu wissen, eben nur ein Glied in einer langen Kette zu bilden. So wird von Geburt an bewusst, dass alles miteinander zusammenhängt, alles aufeinander Bezug nimmt, nichts ohne Folgen bleibt, man sich als Einzelperson nur soweit wichtig nehmen braucht, solange die Einzelaktion der Stärkung der gesamten Kette dient. Da schwingt unglaublich viel Bewusstsein für Verantwortung mit. Nein, wir wollen hier nichts schönreden und schon gar keinen Klassenkampf betreiben. Non nobis, sed posteris – Nicht für uns, sondern für unsere Nachfahren.

Nachhaltigkeit ist, alles in seiner Natur wirken zu lassen. Dieser Satz steht im Raum wie eine Säule, als er ausgesprochen wird. Nicht gegen die Natur, sondern mit der Natur arbeiten. Das hat mit Respekt zu tun. Mit Respekt vor dem Eigensein der Einzelpersönlichkeit eines Baumes genauso wie eines Menschen. Etwas Gutes und gut Überdachtes, Qualitätsvolles in die Welt setzen und dann die Wirkung abwarten. Wenn das Produkt gut ist, wird es sich durchsetzen. Wenn nicht, dann wird es scheitern. Ein ziemlich eindeutiges Ausleseverfahren.

Georg Starhemberg ist unter anderem im Stiftungsrat bei Siemens tätig. Ich stelle mir gerade das Gesicht eines Marketingverantwortlichen vor, wenn er – wahrscheinlich zum ersten Mal in seinem Leben – gesagt bekommt, dass er lieber das Marketing einstellen und stattdessen konkrete Aktivitäten in der Region, mit der sein Unternehmen verbunden ist, wirken lassen soll. Hat sich das tatsächlich schon einmal jemand getraut?

Warum fällt mir an dieser Stelle Jesus Christus ein? Er hatte zu seiner Zeit keine PR-Agentur engagiert (oder wie immer das damals geheißen haben könnte) und gehört seit bald 2000 Jahren zu den populärsten Namen dieser Welt. Genauso die Bibel: ein Bestseller zeit ihres Entstehens. Und weit und breit keine Marketingagentur und kein Verlag, der sich um die werblichen Details kümmert. Einfach wirken lassen eben.

„Die Welt steht auf dem Kopf", sagt der Fürst und meint damit ein übersteigertes Nutzendenken, das er als unnatürliches Prinzip bezeichnet. Nutzen ist ein notwendiges wirtschaftliches Tun, kann aber auch ganz nahe an die Grenzen des Ausnutzens geraten. Es ist die Grenze, die den Unterschied macht. Auch Bäume wachsen nicht in den Himmel. Sie wachsen höchstens in die Zukunft. Grenzen respektieren bedeutet Nachhaltigkeit. Grenzen überschreiten bedeutet Ausbeutung, Respektlosigkeit, Ausbluten. Grenzen setzen bedeutet, sich und andere einschränken. Doch wer bestimmt, wie viel genug ist? Ein ewiger Fragenkreislauf, dem man sich zur Selbstreflektion immer wieder stellen sollte.

Was uns immer gut ansteht, so Georg Starhemberg, ist es, Entwicklungen, Projekte, Ideen auf den Weg zu bringen, ihnen unser Geleit zu geben, sie aber auch im richtigen Moment in die Freiheit zu entlassen, sie eben „wirken“ zu lassen. Das hat viel mit „tätig sein“ zu tun, man muss Umsicht walten lassen, Entwicklungen und Bedürfnisse erkennen, Zeichen setzen.

Das Rezept dazu heißt: rechtzeitig vorsorgen. Was wie ein Versicherungsslogan klingt, ist der innerste Kern nachhaltigen Agierens. Nicht für uns, sondern für unsere Nachfahren. Den richtigen Moment für sein Handeln zu treffen, schafft Stärke und Dauerhaftigkeit und eine solide Basis. Das erfordert aber ununterbrochene Wachheit und Wachsamkeit. Diese Wachsamkeit vermissen zu lassen, wäre das Gegenteil von Nachhaltigkeit.

Wissen Sie, was das Gegenteil von Nachhaltigkeit ist? Das Gegenteil von „nachhaltig“ ist „nachlässig“, sagt Joachim Hamberger, Forsthistoriker und wissenschaftlicher Mitarbeiter am Lehrstuhl für Wald- und Umweltpolitik der Technischen Universität München in Freising. Der Sitz dieses Lehrstuhls trägt bezeichnender Weise die Postadresse Hans-Carl-von-Carlowitz-Platz 2. Die Nennung des Urhebers dieses Gedankens ist meinem Interviewpartner wichtig. Alles andere wäre Mundraub und mache nicht glücklich.

Glück ist für Georg Starhemberg ein Gradmesser für Nachhaltigkeit. Alles, was das Innere erfüllt, die Seele positiv berührt, zufrieden macht, sich gut anfühlt, ist ein Wegweiser in die richtige Richtung. Anstrengendes Lügen, Diebstahl, moralisch Unrechtes tun, kippt die Balance und destabilisiert jegliches Gewicht. Das Unrecht in einer Scheinbalance zu halten erfordert zusätzliche und unnötig vergeudete Energie und schadet damit dem Gesamtsystem Welt. Auf den Punkt gebracht: Ehrlichkeit ist gefragt. In erster Linie zu sich selbst, alles andere ergibt sich. Liebe deinen Nächsten wie dich selbst. – Ist das nicht ein Zitat aus dem vorhin erwähnten Bestseller?

„Das tut man nicht. Das gehört sich nicht", sind Sätze, die früher an der Tagesordnung waren. Dahinter können durchaus unreflektiert ausgesprochene Stehsätze stehen. Die sind hier und jetzt aber nicht gemeint. „Das tut man nicht. Das gehört sich nicht", sagt auch dem modernen Menschen unverändert oft das blanke Gewissen, eine Stimme aus dem Inneren. Vielleicht gar aus dem Herzen? Wer kennt noch das schöne, alte Wort von der Herzensbildung? Einfach spüren, was gut ist und was böse. Einfach wirken lassen. – Hatten wir das nicht schon einmal? Plötzlich gibt es keine Grauschattierungen mehr. Wie aber entscheidet man sich für die weiße Seite? Woher die erforderliche Kraft nehmen? Woher die Bereitschaft, die gewonnene Erkenntnis vorbehaltlos anzunehmen? Geduld ist gefragt. Geduld aber ist Zeit. Und wollen wir die wirklich haben? Zeit ist aber auch geduldig. Haben wir das schon vergessen?

Früher. War früher alles besser? Die Zeit kehrt nur zu dem zurück, was früher tatsächlich besser war, alles andere lässt sie hinter sich. Deswegen werden Grundwerte menschlichen Daseins wie Ehrlichkeit, Hilfsbereitschaft, Nächstenliebe langfristig nie aus der Mode kommen. Dazu gehört wohl auch die gute alte Eigenverantwortung. Da geht es nicht zuletzt auch um die knallharte Frage der Finanzierbarkeit heutiger Sozialsysteme. Die ausschließliche Konzentration auf die maximale Ausbeutung und Ausreizung von Privilegien für den je eigenen Vorteil wird auf Dauer nicht gut gehen. Zu groß ist das Ausmaß der Bindung von Kräften und Ressourcen, zu sehr wird letztlich die Freude an allem Tun gehemmt. Ein Teufelskreis, der den „Ausnutzern" vielerlei Möglichkeit zu Missbrauch bietet und diejenigen, die nicht mitmachen, als „die Blöden" dastehen lässt. Zu welcher Gruppe wollen Sie gehören? Ach ja, wie war das mit der Herzensbildung?

Georg Starhemberg ist in nicht wenigen sozialen Organisationen tätig. Doch darüber redet er nicht. Das sei doch selbstverständlich. Er bringt sich in zahlreichen ehrenamtlichen Funktionen ein. Doch darüber redet er nicht. Das sei doch selbstverständlich. Er stellt in branchenübergreifenden Plattformen sein diplomatisches Geschick zur Verfügung. Doch darüber redet er nicht. Das sei doch selbstverständlich. An der Seite seines Vorgängers und noch vor Übernahme der Verantwortung für das Haus und die Familie Starhemberg hat er dafür gesorgt, dass nahezu der gesamte, nicht unbeträchtliche land- und forstwirtschaftliche Besitz in eine Familienstiftung eingebracht wird. Doch darüber redet er nicht gerne, auch wenn dieser Schritt nicht unbedingt selbstverständlich war. „Der Entschluss, sich durch die Errichtung einer Stiftung von ererbtem Vermögen zu trennen, fällt sicher niemandem leicht“, ist auf der Homepage des Hauses nachzulesen. Auch wer nicht auf eine tausendjährige Familiengeschichte zurückblickt, kann die Schwere dieser Entscheidung verstehen und wagt ein Fünkchen an Bewunderung. Als Begründung für diesen Schritt wird zudem angeführt: „Es handelt sich also darum, den Besitz und dessen Verwaltung vor einer Aufteilung zu bewahren und so dessen Bewirtschaftung und die Erhaltung der dadurch geschaffenen Arbeitsplätze auch in absehbarer Zukunft sicherzustellen. Daneben soll sie die Bedürfnisse bestimmter Angehöriger der Familie Starhemberg abdecken und hat unter anderem auch zum Ziel, kulturelle und karitative Initiativen zu unterstützen. Als eine ‚Familienstiftung steht sie auch im Dienst der Tradition und des geschichtlichen Erbes des Hauses Starhemberg und stellt somit eine kulturelle Institution dar, die eng mit unserem Vaterland verbunden ist … Nur wer in einer bodenverbundenen Tradition und in historischen Perspektiven handelt, kann, wenn er es für richtig erachtet, eine solche Entscheidung treffen – so wie man eben einer ererbten Pflicht, durch äußere Umstände gezwungen, nachkommt … Der Gedanke, das über Jahrhunderte ererbte Vermögen auch in Zukunft nicht nur nach rein marktwirtschaftlichen Gesetzen, sondern darüber hinaus im Dienste höherer Prinzipien und auch zum Wohle der Mitarbeiter im Starhemberg'schen Betrieb zu nützen, wird somit weiter bestehen.“

Non nobis, sed posteris. Nicht für uns, sondern für unserer Nachfahren. „So Gott will", fügt Georg Starhemberg noch rasch hinzu.

Zur Person
GEORG STARHEMBERG ist Chef des Hauses Starhemberg und innerhalb des Starhemberg'schen Forst- und Gutsbetriebes in leitender Funktion tätig. Er stellt sein Wissen und seine Erfahrung auch in zahlreichen ehrenamtlichen Funktionen zur Verfügung, wie zum Beispiel in der Siemens-Stiftung oder als Vorsitzender des österreichischen Kooperationsabkommens Forst-Holz-Papier. Georg Starhemberg ist verheiratet und Vater von vier erwachsenen Kindern.

KULTUR

BEGEGNUNG MIT MANUELA LANZINGER
Nachhaltigkeit = Kommunikation und Eigenverantwortung

Sie war Vertragsbedienstete und ist in den sogenannten „besten Jahren" ihres Lebens. Im Jahr 2004 wurde bei ihr Multiple Sklerose diagnostiziert. Sie hätte alle Gründe dieser Welt gehabt, die Arbeit hinzuschmeißen, sich zurückzulehnen und den Staat für sich sorgen zu lassen. Sie hätte viele Gründe auf der Welt, sich zurückzuziehen, mit der Welt oder sich selber zu hadern, sie hätte Gründe dafür, manchmal zu fragen: Warum ich? Sie könnte das Mitleid der anderen einfordern, besondere Rücksichtnahme verlangen, jede schlechte Laune würde man ihr verzeihen.

In der Realität aber ist es genau umgekehrt. Auf der Suche nach besonderen Menschengeschichten für dieses Buch bin ich ihr in Gesprächen mit Vertrauten immer wieder begegnet, ohne sie persönlich gekannt zu haben. Manuela Lanzinger arbeitet für „die umweltberatung", eine Einrichtung von „Die Wiener Volkshochschulen" und ist Behindertenvertrauensperson für die Wiener Volkshochschulen. Sie informiert Bildungseinrichtungen, die das Umweltzeichen anstreben und berät telefonisch und persönlich in Umweltfragen. Das große Steckenpferd der studierten Biologin ist aber der Garten, das sind die Pflanzen und Blumen. Die Liebe dazu ist im Gespräch regelrecht greifbar. Die Ratsuchenden, die bei ihr anrufen, erhalten deshalb nicht nur nützliche Infos zur Pflanzenpflege, zu Düngung und Aufzucht, sie erhalten Zuwendung, Lachen, Freude, positives Denken, manchmal auch eine Art Lebensberatung von Mensch zu Mensch.

Für ihre Diplomarbeit hat Manuela Lanzinger Schulbücher auf ihre Lesbarkeit hin untersucht und analysiert. Diese Texte, die für die sechste Schulstufe gedacht waren, zeichneten sich durch übermächtigen Detailreichtum aus. Das Herstellen von Zusammenhängen und das Erläutern von Hintergründen blieben gänzlich auf der Strecke. Die Konsequenz daraus ist das Vollstopfen des Kurzzeitgedächtnisses für die nächste Prüfung und nicht Lernen für das Leben.

Sprache ist Lanzinger wichtig, die Sprache, die einfach Inhalte erläutert. Information alleine ist zu wenig. Wenn Menschen das Warum hinter einer Information verstehen, wenn die Zusammenhänge erkennbar gemacht werden, fällt das Tun um Klassen leichter. Der Idealfall tritt ein, wenn auch noch ein persönlicher Bezug zwischen Botschaft und Empfänger besteht. Gerade die Natur bietet hier besondere Möglichkeiten. Sie – die Natur – erzählt die schönsten und besten Geschichten. Antworten werden nur gehört und verinnerlicht, wenn sie aus einer Frage kommen, die aus echtem Interesse heraus gestellt wurde. Das ist auch das Erfolgsgeheimnis von Manuela Lanzinger: gestellte Fragen mit Geschichten beantworten, die haften bleiben. Nicht nur im Gedächtnis, sondern im Bewusstsein und – vor allem im Herzen. Wer Manuela Lanzinger bei einem telefonischen Beratungsgespräch mit ihren Blumenfreunden bei „die umweltberatung“ belauscht, spürt, dass sofort der Funke überspringt. Sie redet aber niemand nach dem Mund, sondern fordert von ihrem Gesprächspartner eigene Entscheidung ein. Einen Rat geben bedeutet nicht, den anderen aus der Verantwortung zu entlassen. Kompromisse sind dabei zulässig. Auch Kritik ist zulässig, aber nur dann, wenn sie von konstruktiven Lösungsansätzen begleitet ist. Kritik zu äußern, nur um negative Emotionen abzuladen, ist zu wenig. Dann zerstört Kritik mehr als sie bringt beziehungsweise bringen könnte.

Diese Erkenntnisse, diese Forderungen klingen selbstbewusst und sind mutig. Gerade in einer Zeit, in der „nach dem Mund reden“ überall auf der Tagesordnung steht: der Kunde ist immer König, der Wähler hat immer recht, der Konsument kann immer alles fordern. Damit haben wir uns eine Gesellschaft herangezüchtet, die keine Grenzen mehr kennt und akzeptiert, die alles für machbar hält. Und das sofort und um möglichst keinen Preis. Erbrachte Leistung und erzeugtes Gut werden damit wertlos gemacht. Hier beginnt das Übel, das eine immer rasanter werdende Spirale nach unten beschreibt. Je billiger die Güter, umso größer der Preisdruck, umso größer das Leistungstempo. Wer billig und unter dem realen Preis kauft, beutet sich in letzter Konsequenz selber aus. Irgendwer muss die Differenz immer bezahlen: mit Geld, mit Leistungsmaximierung, mit Krankheit. Burnout ist deshalb mittlerweile gelebte Realität.

Warum haben eigentlich Menschen wie Manuela Lanzinger kein Burnout? Ist es die Freude an der Arbeit? Ist es, weil sie sich in ihrer Welt mit ihrem Thema verwirklichen können? Ist es, weil sie ihr eigenes Leben leben und nicht das der anderen? Ist es, weil sie vorbehaltlos unveränderbare Gegebenheiten annehmen? Ist es, weil sie ihre Kämpfe offen mit und nicht gegen die Menschen, die Krankheit, die Umstände führen? Ist es, weil sie Verantwortung übernehmen: für ihre Entscheidungen, ihre Wünsche, ihr ganzes Leben? Ist es, weil sie offen und neugierig Veränderungen annehmen? Ist es, weil sie sich an geeigneter Stelle selber einbringen und damit Lösungen in Gang bringen? Ist es, weil sie dankbar Erkenntnisse aus ihrem Leben für ihr Leben zulassen?

Manuela Lanzinger, die sich nicht nur den Pflanzen, sondern auch den Tieren verpflichtet fühlt, zitiert dabei ein kleines Aha-Erlebnis aus ihrer frühen Kindheit. Ursprünglich hat klein Manuela gelernt, dass man Hühner in Käfige sperren muss, weil man sonst ihre Eier nicht findet. Später dann hat sie erfahren, dass es auch Hühner gibt, die ihre Eier dort hinlegen dürfen, wo sie gerade Lust und Laune haben – und man die Eier auch findet. Ursprünglich hat klein Manuela gelernt, dass Kühe nur parieren, wenn man ihnen mit dem Elektroschocker begegnet. Später dann hat klein Manuela erfahren, dass man bei Tieren auch mit Einfühlungsvermögen und auf Basis eines Vertrauensverhältnisses das Gewünschte erreicht. So, wie es immer mehrere Antworten auf eine Frage gibt, so gibt es auch immer mehrere Wege, ein Ziel zu erreichen. Alles im Leben erfährt eine Reflexion, alles kehrt irgendwie an den Ausgangspunkt zurück und beeinflusst die

Grundstimmung einer ganzen Gesellschaft. So entstehen Paradigmenwechsel. Tierschutz ist heute keine offene Frage mehr, sondern – mit wenigen Ausnahmen – ein gesellschaftlicher Anspruch.

Was das mit Nachhaltigkeit zu tun hat? Leid, das wir zufügen, erzeugt Leid. Freude, die wir spenden, erzeugt wiederum Freude. Auf den Punkt bringt dieses Prinzip ein altes Sprichwort, das da lautet: „Was du nicht willst, das man dir tut, das füg auch keinem andren zu" – die „goldene Regel", die sich in allen Kulturen und Religionen findet.

Alles, was jeder einzelne von uns tut, hat seine Reflexion im Außen. Wie wir einkaufen und wegwerfen, wie wir uns fortbewegen und wie wir wohnen, ist nicht nur Privatsache. Wie wir die Ressourcen der Welt nutzen, hat Auswirkungen auf alle. Nachhaltigkeit ist viel, viel mehr als Energiesparen, dennoch kommt das Thema ohne die Betrachtung der Ressourcenflüsse natürlich nicht aus. Wer einen Blick auf die Aktivitäten von „die umweltberatung" Wien wirft, für die Manuela Lanzinger arbeitet, ahnt, dass das stimmt. Da gibt es Aufkleber und Freecards, die sanft für Abfallvermeidung und Abfalltrennung werben. Angebracht werden die kleinen Gedächtnisstützen an den „Points of Waste", dort also, wo Verschwendung gerne stattfindet. Die Kleber gibt es für Abfallsammelbehälter am Arbeitsplatz, im Klassenraum oder für die Privatwohnung. Da gibt es Tipps, die das richtige Lüften erklären, die auf die positive Wirkung des Leitungswassertrinkens aufmerksam machen oder zum doppelseitigen Kopieren einladen. Da erfährt man, dass man sich das ganze Kraftwerk Freudenau sparen könnte, würden wir alle unsere Standby-Lichter ausschalten.

Die ausführlichen Informationsblätter zum Energie und Kosten sparenden Heizen, Kochen und Beleuchten gibt es nicht nur in Deutsch, sondern auch in Kroatisch, Serbisch und Türkisch. Jeder, der es möchte, soll seinen effizienten Sparbeitrag leisten – jenseits aller Sprach- und sonstigen Barrieren.

Beim ersten Hinschauen haben diese Initiativen in erster Linie etwas mit Kosten- und Ressourcensparen zu tun. Doch der zweite Blick eröffnet ein weit größeres Spektrum. Durch das bloße Ausräumen sprachlicher Barrieren erweitert sich der Kreis der Umweltwissenden maßgeblich. Menschen, denen wir in unserer Überheblichkeit vielleicht nicht immer unsere volle Aufmerksamkeit und Wertschätzung entgegen bringen, rücken mit ihrem neuen Wissen in den Focus. Hier ein Beispiel:

Reinigungskräfte, die besser über Dosierung und Anwendung ihrer Betriebsmittel Bescheid wissen, helfen nicht nur Geld sparen, sondern leisten einen deutlichen Beitrag zur Schonung der Umwelt. Kompetenz schafft auch automatisch Wertschätzung. Und genau das ist es, was gerade diese Menschen – sehr oft Frauen – in diesem Gewerbe oft besonders dringend brauchen. „Die umweltberatung“ Wien bietet eigene Schulungen für sie an.

Eine Nachhaltigkeitsbetrachtung mit Manuela Lanzinger muss von Zimmerpflanzen eingerahmt sein. Vor dem Gespräch mit ihr habe ich Zimmerpflanzen für eine nette Behübschung und für grünes Schnickschnack in Räumen gehalten. Jetzt weiß ich, dass Pflanzen für ein gutes Raumklima sorgen und damit Gesundheit, Wohlbefinden und Leistungsfähigkeit steigern. Sie befeuchten die Luft und filtern Schadstoffe und können deshalb das Sick-Building-Syndrom – sogenannte gebäudebezogene Krankheiten wie Kopfweh, Müdigkeit, Infektionsanfälligkeit und Allergieneigungen – kompensieren oder mildern. Meine Interviewpartnerin schafft es tatsächlich, mir das Gefühl zu geben, dass die gesamte Volksgesundheit von Zimmerpflanzen abhängt.

Manuela Lanzinger geht mit Stöcken. Seit dem Ausbruch ihrer Krankheit im Jahr 2004 gab es viele Aufs und Abs, sagt sie. Einer ihrer Ärzte prognostizierte ihr den Rollstuhl und bereitete sie auf das Schlimmste vor. Statt zu resignieren und sich dem Schicksal zu ergeben, wechselte sie den Arzt und wechselte noch einmal den Arzt und fand schließlich jene Therapie, die ihr heute ein fast ganz selbständiges Leben ermöglicht. Manuela nahm ihr Leben selber in die Hand und drehte den Spieß um. *Sie* ist diejenige, bei der heute andere Menschen Rat und Hilfe suchen, nicht umgekehrt. Selten bin ich in meinem Leben einem Menschen begegnet, der so freudig von innen strahlt, der seine Sache mit so viel Liebe und Leichtigkeit vertritt. Die äußeren Umstände scheinen egal zu sein, wenn der richtige Mensch an der richtigen Stelle wirkt. Am Ende des Gesprächs bemerken wir, dass wir uns vielleicht ein bisschen verplaudert haben. „Schnell, was ist Nachhaltigkeit für Sie?“, frage ich Manuela. „Das ist, wenn eine Entscheidung sich langfristig als richtig erweist“, antwortet sie, „ach ja, und natürlich, wenn man Erdbeeren im Juni und nicht im Dezember genießt.“ Schön, dass das

Leben so eine große Palette an Möglichkeiten bietet, die unsere Welt besser machen.

Zur Person:
MANUELA LANZINGER ist Mitarbeiterin von „die umweltberatung", einer Einrichtung von Die Wiener Volkshochschulen, und Behindertenvertrauensperson für die Wiener Volkshochschulen. Im Jahr 2004 wurde bei ihr Multiple Sklerose diagnostiziert. Sie ist studierte Biologin mit einer großen Liebe zu Zimmerpflanzen. Sie lebt mit ihrem Ehemann in Wien.

Foto: Monika Kupka

ÜBER DEN WOLKEN MIT PATER MICHAEL HÜTTL
Nachhaltigkeit = Stabilitas und Glaubwürdigkeit

Heutzutage hat fast jedes Unternehmen, jede Organisation, jede Einrichtung, die etwas auf sich hält, einen so genannten „Nachhaltigkeitsbeauftragten". Doch so neu ist das gar nicht. Irgendwie hat es Nachhaltigkeitsbeauftragte immer schon gegeben. Sie hießen nur anders, hatten aber den gleichen Grundauftrag und eine ähnliche Stoßrichtung. Eine Art „Nachhaltigkeitsbeauftragte für diese Welt" sind seit Jahrhunderten die Kirchen und deren Vertreter. Ihr Wirken ist auf einen langen Zeitraum ausgerichtet, in manchem sogar auf die Ewigkeit. Sie haben den Auftrag, moralische Instanz zu sein und das Bestmögliche aus den Menschen und der Welt herauszuholen. So unterschiedlich das Wirken und die Effizienz der heutigen Nachhaltigkeitsbeauftragten ist, so unterschiedlich war vielleicht auch die Umsetzung des Gottesauftrags durch die Kirche.

Am Schnittpunkt von Nachhaltigkeit und Kirche anno Domini 2014 finde ich Pater Michael Hüttl, den Nachhaltigkeitsbeauftragten des Benediktinerstiftes Altenburg im Waldviertel. Wir führen dieses – im wahrsten Sinne des Wortes – himmlische Gespräch hoch über den Wolken im Flugzeug auf der Rückreise von einer Pilgerreise nach Israel. Wo also, lieber Pater Michael, sind die Schnittpunkte zwischen einem christlichen Leben und dem Prinzip der Nachhaltigkeit? Hier seine Antwort:

Nachhaltigkeit ist nichts anderes als die biblische Grundidee der Schöpfungsverantwortung. Der Mensch steht dem Schöpfer als Verantwortlicher für den Lebensraum Erde gegenüber. Dies ist begründet im Bund mit Adam. Darin schließt Gott mit Adam und allem Lebendigen einen unauflöslichen Bund fürs Leben und nimmt uns damit gehörig in die Verantwortung. Haben Sie, werte Leser und werte Leserinnen – schon jemals daran gedacht? Ja, genau, diesen Bund – und damit auch diese Verantwortung – haben wir im Laufe des Weltenlaufes allmählich aus den Augen verloren. Die orthodoxe Kirche hat deshalb sogar einen „Tag der Schöpfungsverantwortung" eingeführt. Schöpfungsverantwortung: darin liegt eigentlich alles, worum es geht. In der benediktinischen Spiritualität, in der Benediktsregel und in der Bibel selbst gibt es Impulse dazu, die als Richtschnur für ein Leben im Sinne der Nachhaltigkeit immer schon da gewesen sind. Einige Beispiele gefällig?

Die Gesellschaft unserer Breiten lebt in einem verschwenderischen Überfluss mit dauernder Verfügbarkeit aller Produkte, die oft unter Ausbeutung von Mensch und Natur entstanden sind. Der heilige Benedikt hält dem entgegen: „Es muss nicht viel sein oder gar immer mehr – entscheidend ist, dass es genügt!" Dahinter steckt auch der Aufruf zum Maßhalten, mit Maß und Ziel vorzugehen, maßvoll in allen Dingen und im Tun zu sein. Es ist wichtig, so viel zu bekommen und zu haben, wie nötig ist, aber nicht mehr. Den Mönchen schreibt Benedikt sogar vor, mit allen Geräten, selbst den profansten Alltagsgeräten, umzugehen wie mit „heiligen Altargeräten" (RB 31,10), denn alles auf dieser Welt sei Teil der Schöpfung Gottes. Alles ist kostbar, weil alles Gottes Werk ist. Nichts soll leichtfertig verschleudert und vergeudet werden. Das ererbte Gut soll sinnvoll und verantwortungsvoll verwaltet werden. Durch umsichtige Bewirtschaftung und den Einsatz der ererbten Talente soll eine gute wirtschaftliche Basis geschaffen werden. Der so erzielte Gewinn muss jedoch immer zum Wohl der Menschen eingesetzt werden. Dies ist auch der Angelpunkt, an dem sich die Gegenwelt zu unserer aktuellen weltlichen Wegwerfgesellschaft auftut. Gewinnmaximierung steht da im Stundenplan, noch höhere Produktion und Ausbeute, um noch mehr in noch kürzerer Zeit wegwerfen zu können. Ein Teufelskreis beginnt sich zu drehen, durch den die Menschen weder reich noch glücklich werden. Gesellschaften, die ständig über ihre Verhältnisse leben, tun dies auf Kosten nachfolgender Generationen oder anderer Gesellschaften. Wer die Bibel zur Hand nimmt, wird darin lesen, dass diese Raffgier schon den Israeliten beim Auszug aus Ägypten nicht gut getan hat. Sie hatten den Auftrag, vom Manna, das vom Himmel regnete, so viel zu nehmen, dass sie einen Tag damit satt werden. Den Raffgierigen unter ihnen, die mehr nahmen und nicht genug bekommen konnten, wurde am nächsten Tag im Verdorbenen die Rechnung präsentiert.

An dieser Stelle seien voller Bewunderung die Trappisten in Engelhartszell als leuchtendes Beispiel genannt.

Diese kleine, strenge Ordensgemeinschaft in der Nähe von Passau besitzt kaum Ländereien und keine Reichtümer. Die Brüder haben nur eine Aufgabe: für die Menschen in der Welt da draußen zu beten. Nichtsdestotrotz muss die wirtschaftliche Basis gestaltet werden, damit der riesige Gebäudekomplex, das angeschlossene Sozialheim und die Brüder selber ihr sicheres Fortkommen haben. So entstand die Idee, Trappistenbier zu brauen. „Richtiges" Trappistenbier kann nur unter dem Dach eines Trappistenklosters und unter der Aufsicht eines Trappistenmönches gebraut werden. Trappistenbiere gibt es auf der Welt nur sehr wenige – und sie sind in Amerika ein begehrtes Kultgetränk. So sind die Engelszeller Trappisten auf die Idee gekommen, ihre sehr schwache wirtschaftliche Basis damit ordentlich zu stärken. Nach anfänglichen Bedenken und Ängsten – immerhin sind Schweigemönche ja keine Marketingexperten – wurde das Projekt Bierbrauerei umgesetzt. Um es kurz zu machen: das Bier ist am amerikanischen Markt ein Renner. Die wirtschaftliche Basis des Klosters ist für Generationen gesichert. Die Nachfrage ist enorm. Wer das Bier kaufen möchte, muss ins Stift Engelszell nach Engelhartszell reisen und bekommt dort – wenn er Glück hat und das Bier nicht gerade ausverkauft ist – einige Flaschen zugewiesen. Das winzige Kontingent, das nach jedem Braugang über das Internet verkauft wird, ist meist schon vorbestellt. Das Bier zieht Touristen und Gläubige aus fast ganz Europa an. Und wenn das Bier gerade ausverkauft ist, nehmen sie eben ein Fläschchen vom wohltuenden Klosterlikör mit. Wenn man schon da ist … An dieser Stelle eine Bitte an den geneigten Leser, die geneigte Leserin: Erzählen Sie diese Geschichte bitte nicht weiter. Sonst wird das kostbare Bier vielleicht noch knapper! Marketingleute schütteln heftig den Kopf und drängen auf größere Produktionsmengen. Doch die Mönche gehen unbeirrbar ihren Weg und brauen gerade so viel, wie die winzige Brauerei hergibt, und nicht einen Krug mehr. Denn genau so viel, wie die Produktion abwirft, brauchen die heiligen Männer, um ihre Kirche zu erhalten sowie das angeschlossene Sozialheim und sich selbst sehr bescheiden zu versorgen. Nicht mehr und nicht weniger. Und dabei bleibt es auch. Schließlich hat man in Engelszell eigentlich Wichtigeres zu tun: Es geht um die höhere Ehre Gottes und die Menschen da draußen brauchen auch noch so viele Gebete. Und im Übrigen vertrauen sie auf Gott.

Die Trappistenmönche zu Engelhartszell leben mit ihrer klugen Selbstbeschränkung wahr und wahrhaftig die Regel des heiligen Benedikt, der die Habgier verdammt und sich gegen die Preistreiber und Ausbeuter stellt. Waren, die im Kloster erzeugt werden, sollen – wenn möglich – sogar billiger verkauft werden als im Rest der Welt. Die Preise müssen immer und überall fair für Käufer und Verkäufer gestaltet sein und die wirtschaftliche Situation des Partners mitberücksichtigen. Klöster, die oft seit Jahrhunderten in einer Region verhaftet sind, haben als Vorbild zu wirken. Diese regionale Verwurzeltheit geht auf das Konzept der Stabilitas zurück, welche die Mönche an einen konkreten Ort und an eine konkrete Gemeinschaft bindet. Diese Präsenz über lange Zeit stärkt – auch außerhalb der kirchlichen Gemeinschaft – das Verantwortungsbewusstsein für die unmittelbare Umgebung und die Menschen vor Ort. Wer im Ort bleibt, wird sorgsamer mit den vorhandenen Ressourcen umgehen, als jemand, der bald weiterzieht. Wer auch in den nächsten Jahren vom Ertrag der Felder und Äcker leben muss, wird den Boden schonend behandeln. Wer täglich dem Nachbarn begegnet, wird eher um ein friedvolles Miteinander bemüht sein, als jemand, der einen Umzug plant.

Apropos Reisen: Auch zur Zeit des heiligen Benedikt standen ausgedehnte Reisen auf der Tagesordnung. Das widersprach nicht der Stabilitas, diente es doch der *stabilitas personae*, der Festigung der Persönlichkeit. Reisen soll ein bewusstes und zielgerichtetes Reisen sein, das in allererster Linie der Entwicklung von Geist und Seele dient. Wer am Ende der Reise wieder an seinen Ausgangsort zurückkehrt, kann mit neuer Kraft wieder seine Pflichten zum Wohl der Gesellschaft übernehmen.

So wie das Reisen hat auch der Alltag seine Zeit. In unserer Zeit, in der Erschöpfungskrankheiten auf der Tagesordnung stehen, lässt der Hinweis Benedikts auf die Bedeutung des Rhythmus' besonders aufhorchen. Im Kloster ist alles fixen Rhythmen und Abfolgen unterworfen: der Tag, die Woche, das Jahr; die Arbeit, die Mahlzeiten, der Schlaf, das Gebet, genügend Zeit für sich selber und genügend Zeit für die Gemeinschaft. Dieser Rhythmus und die Abfolgen sind kein Korsett, sondern eine Stütze, die dafür sorgt, dass immer ein Schritt nach dem anderen erfolgt und ein Straucheln oder ein Sturz möglichst verhindert werden. Mit dieser klaren Zeiteinteilung entsteht eine natürliche Balance, die dem Menschen zur Stabilitas verhilft und ihn nicht so leicht aus dem Gleichgewicht kickt.

Vom Abt eines Klosters erwartet der heilige Benedikt die Qualitäten einer Führungskraft und empfiehlt ihm, glaubwürdig und wahrhaftig zu sein, wenn er ihn ermahnt „mehr durch sein Leben als durch sein Reden" zu wirken. Der Abt solle auch auf die Stärken und Schwächen der Mitbrüder achten und sie entsprechend einsetzen sowie bei wichtigen Entscheidungen alle Mitbrüder anhören, selbst die jüngsten unter ihnen.

Im Laufe der Jahrhunderte scheinen sich diese Erkenntnisse nur noch mehr gefestigt zu haben. In einer Zeit, in der Menschen immer selbstbestimmter werden, ist offene Kommunikation wichtiger denn je. Die Zeit der Despoten und „Drüberfahrer" geht unwiderruflich dem Ende entgegen. Alles hat eben seine Zeit. Missverständnisse so schnell wie möglich auszuräumen oder besser: sie gar nicht entstehen zu lassen, ist ein wichtiger Beitrag zur Nachhaltigkeit und die Basis für jedes friedvolle Zusammenleben.

Pater Michael, dem Prior und Nachhaltigkeitsbeauftragten des Stiftes Altenburg, fällt es nicht schwer aufzuzeigen, wie das Stift seine Nachhaltigkeitsstrategie umsetzt und damit die Schöpfungsverantwortung im Sinne des Ordensgründers wahrnimmt. So setzt das Stift etwa seit mehr als 25 Jahren bewusst auf erneuerbare Energie. In der stiftseigenen „Klosterkuchl" werden bevorzugt regionale und saisonale Bio-Produkte verwendet, wenn möglich aus dem eigenen Garten. Der riesige Forstbetrieb setzt auf Naturverjüngung. Die Brüder engagieren sich seit vielen Jahren in der Flutopferhilfe, aktuell in der Syrienhilfe, speisen den Entwicklungsfonds, sind über Altabt Bernhard in Lettland tätig. Das Stift investierte in die Erhaltung der riesigen historischen Bauten, legte sogar alte und älteste Bausubstanz frei und erstrahlt im architektonischen Glanz wie schon seit Jahrhunderten nicht mehr. Das Stift ist kulturelle Drehscheibe für brillante Ausstellungen, Konzerte und Theaterexperimente. Es ist Heimat einer temporären Musikakademie genauso wie seit Jahrzehnten für die Altenburger Sängerknaben. Der Garten der Religionen bietet einen Ausgangspunkt für den interreligiösen Dialog. „Wir Mönche sind kein Junggesellenverein zur Erhaltung eines historischen Gebäudes, sondern eine lebendige Klostergemeinschaft im Jetzt und Heute. Wir leben seit 870 Jahren an dieser Stelle und versuchen, diesen Ort lebendig und offen zu halten. Dabei sind das Erhalten und das Gestalten gleichermaßen wichtig", fasst Pater Michael treffend zusammen.

Unsere gemeinsame Pilgerreise in das Heilige Land fand rund um den ersten Fastensonntag statt. Wir besuchten an jenem Tag die heilige Messe in der Abteikirche Hagia Maria Sion (Dormitio), der deutschen Kirche mitten in Jerusalem. Klar und hell steht das Gebäude – gleich einer seligen Insel – mitten in der Stadt. In Gehentfernung liegen die heiligen Städten, die wir aus der Bibel kennen. Die Stadt surrt von der Fülle der Touristen. Nur hier ist Stille. Die deutsche Sprache gibt Geborgenheit. Heute predigt Pater Mark. Und wie könnte es am ersten Fastensonntag anders sein, hat er das Thema Fasten gewählt. Erst später wird mir bewusst, dass auch diese Fastenpredigt etwas mit Nachhaltigkeit zu tun hat. Deshalb darf ich daraus zitieren:

„Natürlich sollten wir immer leben wie in dieser Vorbereitungszeit auf Ostern, aber, wie der heilige Benedikt bemerkt hat: Dazu haben nur wenige die Kraft. Deshalb rät er, wenigstens in diesen Tagen der Fastenzeit in großer Lauterkeit auf unser Leben zu achten … Jesus hat nicht nur in der Wüste gefastet; er hat sich gegen alle möglichen Versuchungen gewehrt, gegen die Versuchungen der Macht, des Reichtums, des Hochmuts, lebenslang. Er hat uns den Weg gezeigt … Die Versuchungen sind oft subtil. Was schadet und sogar tötet, kann oft schön und anziehend scheinen. So hat der Verfasser der Geschichte des Falls der ersten Menschen im Buch Genesis die Versuchung personifiziert als Schlange dargestellt. Die Schlange war schlauer als alle Tiere des Feldes, die Gott, der Herr, gemacht hatte. Sie sagte zu der Frau: Hat Gott wirklich gesagt: Ihr dürft von keinem Baum des Gartens essen? Die Versuchungen fangen oft mit einer ungenauen oder falschen Darstellung an … Der Neid, zum Beispiel, stellt sich gewöhnlich als solcher nicht vor, sonder benutzt eine Verkleidung oder einen Decknamen. Er sagt: Ich heiße die Gleichberechtigung oder die Gerechtigkeit. Ich bin dein Freund. Warum sollte dieser oder jene mehr Geld oder mehr Chancen haben als du? Sind wir nicht alle gleich wichtig? Sind denn die anderen Leute besser als du? Der, welcher von Neid angesteckt ist, redet oft negativ über andere und sieht an ihnen keine Qualitäten. Wenn wir feststellen, dass wir negativ über andere reden oder versuchen, sie zu erniedrigen, sollten wir uns nicht nach unserer Motivation fragen? … Diese Gedanken … schaden vor allem uns selbst. Wer neidisch ist, achtet nicht auf seine eigenen Talente und Chancen, sondern versucht, die anderen zu behindern oder ihnen sogar zu schaden.

Alle Laster versuchen, sich zu rechtfertigen, sich anziehend zu machen. Nur wenn wir ehrlich mit uns selbst sind, nur wenn wir unsere Gedanken prüfen und versuchen, unsere Motivationen zu verstehen, können wir gegen sie angehen. Menschliche Motivation ist ein sehr komplexes Phänomen. Unsere Gedanken zu prüfen, unsere Versuchungen zu entdecken, das ist unsere Aufgabe zur Fastenzeit, das ist das Fasten des inneren Menschen", so Pater Mark aus Jerusalem bei seiner Predigt am ersten Fastensonntag.

Ja, Nachhaltigkeit hat auch damit zu tun, die Beweggründe unseres Handelns zu hinterfragen und offenzulegen. Nur wer die wahren Beweggründe kennt, kann auch die richtigen Steuerungsinstrumente für sein Leben einsetzen. Am wichtigsten ist dabei wohl die Ehrlichkeit zu sich selbst. Nach der Israelreise habe ich für mich beschlossen, wieder öfter in die Bibel zu schauen und mir die Regel des heiligen Benedikt näher zu Gemüte zu führen. Offenbar hätten wir alle Tipps für ein gelungenes Leben schon immer dort finden können. Alles, was gut und gerecht ist, überdauert die Zeiten und ist also – im allerbesten Sinne – nachhaltig. Wie könnte es sonst sein, dass wir aktuell einen Papst haben, der sich auf den heiligen Franziskus beruft, den ersten großen Tierschützer dieser Welt und Freund der Armen. Also auf einen Mann, der vor Jahrhunderten lebte und dessen Lehren und

Werte heute aktueller sind als je zuvor. Doch das wäre wohl ein eigenes Kapitel.

Zur Person:

Pater MICHAEL HÜTTL ist Prior des Stiftes Altenburg (Niederösterreich), zugleich Verantwortlicher für Kultur und Tourismus sowie „Nachhaltigkeitsbeauftragter" des Stiftes und Pfarrer der Wallfahrtsbasilika Maria Dreieichen im Waldviertel.

IM TANZSCHRITT MIT THOMAS SCHÄFER-ELMAYER
Nachhaltigkeit = Vertrauen und Sympathie

Sie wissen mit Sicherheit, wer Professor Thomas Schäfer-Elmayer ist?! Wenn Sie diesen Herrn nicht kennen, dann sind Sie wohl kein Österreicher. Der Name Elmayer steht seit Generationen für „gutes Benehmen", für Etikette, für Tanzkultur in unserem Lande. Was den Deutschen der Knigge, das ist für uns der Elmayer. Thomas Schäfer-Elmayer, der Dritte aus der Dynastie, hat es in meisterlicher Weise verstanden, die Tanzmeister-Tradition seiner Familie in die Gegenwart zu übertragen. Nein, nicht nur das. Es ist ihm gelungen, den althergebrachten Traditionen neues Leben einzuhauchen. Mehr noch, es ist ihm gelungen, das Althergebrachte modern zu halten, ja sogar zu machen. Für lange Zeit war der Opernball ohne ihn undenkbar. Erst sein „Alles Walzer" machte die Eröffnung komplett. Er entließ mit diesen Worten eine ganze Nation – vor und hinter den Bildschirmen – in einen fröhlichen und doch eleganten Abend. Und die ganze Welt schaute mit Beschwingtheit im Herzen zu. Mit „Alles Leben" eröffnete er 2014 den Live Ball. Und die ganze Welt staunte über diese beschwingte Abwandlung eines althergebrachten Sagers.

Vor einigen Jahren hatte ich die besondere Freude, gemeinsam mit einigen Mitarbeiterinnen einen Business-Benimm-Kurs bei Professor Elmayer zu absolvieren. Dabei wurden nicht nur Details zur Etikette vermittelt, sondern wir haben Sicherheit für viele Lebenssituationen erlangt. Was wir insgesamt befürchteten, als wir den Kurs buchten, war ein Tag voller Maßregelungen, kleinerer und größerer persönlicher Blamagen, vielleicht sogar Peinlichkeiten und schwer bedeckbarer Blößen. Was wir tatsächlich erlebten, war ein heiterer, unkomplizierter Tag, der in seiner Erfreulichkeit – in jeder Hinsicht – weit über die Lernstunden hinaus nachwirkte. Professor Elmayer konnte seinen Schützlingen gleich zu Beginn des Kurses glaubhaft vermitteln, dass die Sinnhaftigkeit von Benimmregeln und deren Befolgung nur ein Ziel hat, nämlich Vertrauen und Sympathie zu erzeugen. Regeln sind dazu da, anderen und sich selber das Leben zu erleichtern und nicht umgekehrt. Andere mit diesen Regeln zu quälen, sich mit seiner „besseren" Erziehung über andere zu stellen und auf sie herabzuschauen würde gutem Benehmen gänzlich widersprechen. Das war ein Ansatz, der uns gleichermaßen erstaunte wie freute. Bis zum heutigen Tag wirkt er in mir nach und hat mein Leben dauerhaft verändert.

Vertrauen und Sympathie sind seit diesen Tagen die „Zauberformeln", denen ich alles unterordne. Vertrauen und Sympathie sind zwei einander ergänzende Fixsterne, die den beruflichen wie privaten Himmel optimal ausleuchten. Mit Vertrauen oder Sympathie gelingt eigentlich alles. Sympathie ist eine sehr subjektive Größe. Vertrauen aber kann durch ehrliches Bemühen, durch wertschätzendes Miteinander, durch Beständigkeit, Verlässlichkeit und durch Fachwissen erarbeitet werden. In einer von Vertrauen geprägten Partnerschaft wird niemand gelinkt, übervorteilt oder ausgenutzt. Damit wird eine stabile Basis für das künftige Miteinander geschaffen. Auch das ist eine Definition von Nachhaltigkeit.

Thomas Schäfer-Elmayer war ein international überaus erfolgreicher Manager, als er eines Tages von seiner Familie, konkret von seinen Eltern und seiner Schwester daran erinnert wurde, dass er seinem Großvater Willy Elmayer versprochen hatte, eines Tages die Tanzschule Elmayer zu übernehmen. Diesen testamentarischen Wunsch hätte der erfolgreiche Manager ignorieren können, hätte es mit seinem aktuellen Erfolg draußen in der Welt entschuldigen können, hätte die Unsicherheit eines für ihn neuen Aufgabenbereiches als Grund dagegen anführen können. Nein, er hat dem Wunsch des Großvaters entsprochen, in einer Zeit, in der Etikette und Tanzmeisterlehren nicht unbedingt ganz oben auf der Wunschliste seiner potentiellen, jugendlichen Kundschaft standen. Mit klaren Zielsetzungen und Prinzipien, sehr viel Arbeit und Freude an dem ihm anvertrauten Erbe pushte er die „Marke Elmayer“, die für ihre anspruchsvolle Qualität und die einzigartige Atmosphäre weltweit bekannt ist. Die Saat ging auf. Das traditionsliebende und zugleich „rote“ Wien war ein dankbarer Nährboden dafür. Bei den Benimmkursen, die Professor Elmayer veranstaltet, sind Mitglieder des Hochadels genauso anzutreffen wie erfolgreiche Managerinnen und Manager, die aus Arbeiterfamilien stammen. Das Streben nach Vertrauen und Sympathie macht sie – auf besonders noble Art und Weise – alle gleich. Es war wohl ursprünglich der Adel, der Etikette festlegte, die Gleich und Gleich miteinander verband. Bezeichnend erscheint mir, dass diese Regeln heute allen Gesellschaftsschichten gleichzeitig vermittelt werden. Vielleicht ist das eines der stärksten Zeichen dafür, dass sich die Welt doch verändert hat und dass sie in der Lage ist, sich zu verändern.

Dass nachhaltiger Erfolg sehr oft auch gutem Benehmen zugeordnet wird, beweist eine wahre Begebenheit, die sich einmal am Opernball, *dem* gesellschaftlichen Ereignis in unserer Republik, zugetragen hatte. Dabei wurde der Vorstandsvorsitzende eines internationalen Konzerns dabei beobachtet, wie er jedes Mal „den Elmayer" (Schäfer-Elmayers Benimm-Buch) zu Rate zog, bevor er seine Logengäste miteinander bekannt machte.

Gutes Benehmen schafft nicht nur Vertrauen und Sympathie, es erleichtert auch maßgeblich die Kommunikation. Taktgefühl ist essentiell, um in jeder Situation richtig zu agieren. Um nachhaltig erfolgreich zu sein, ist es sehr vorteilhaft, diese Soft Skills zu beherrschen. Sympathie bewirkt weiters, dass auch in äußerst schwierigen Situationen immer ein Fenster offen bleibt, dass keine Türe zugeschlagen und keine Option vertan wird. Sie gewährleistet, dass man weder sich selber noch anderen im Wege steht. In einer Zeit rascher Veränderung erscheint mir das ein wichtiger Aspekt von Nachhaltigkeit zu sein. Sturheit und Unnachgiebigkeit verbauen die Zukunft und entziehen künftigen Entwicklungen die Basis. Und das ist genau das Gegenteil von Nachhaltigkeit.

Vielleicht erschien es dem einen oder anderen Leser ungewöhnlich, den Benimm-Guru der Nation als glühendes Beispiel für Nachhaltigkeit anzuführen. Bei genauerem Hinschauen wird aber klar, dass sogar alle vier Säulen der Nachhaltigkeit bei Thomas Schäfer-Elmayer vorkommen. Lassen wir den Professor persönlich zu Wort kommen:

- „Ökologie bedeutet für mich, Rücksicht auf unseren Planeten und seine Ressourcen zu nehmen. Auch das betrachte ich als Teil des guten Benehmens – und das ist natürlich viel wichtiger als beispielsweise der korrekte Umgang mit Besteck.
- Ökonomie bedeutet auch Sparsamkeit im Umgang mit unseren Ressourcen. Außerdem ist ökonomisches Wirtschaften für ein kleines Dienstleistungsunternehmen wie die Tanzschule Elmayer überlebensnotwendig.
- Soziales Engagement und Hilfsbereitschaft hat schon mein Großvater Willy Elmayer als zentrales Anliegen der Tanzschule Elmayer angesehen. Meine Eltern und ich setzen diese Tradition fort durch den Einsatz für das Haus der Barmherzigkeit, die SOS-Kinderdörfer, Care, das Wiener Rote Kreuz, den Life Ball, den Malterser Hospitalsdienst, Licht ins Dunkel, Naturschutzorganisationen usw.
- Kultur ist für uns der kultivierte Umgang miteinander und die Pflege der Wiener Ballkultur."

Wer das aktuelle Elmayer-Kursprogramm in Händen hält, bekommt eine Ahnung davon, dass das alles ernst gemeint und nicht nur so daher gesagt ist. Dort finden sich Sätze wie: „Bei Verlust der Kurskarte stellen wir ein Duplikat nur gegen eine Spende von EURO 35,-- an die SOS-Kinderdörfer aus!“ Oder: „Hilfsbereitschaft ist unser Grundsatz seit 1919. Aus finanziellen Gründen darf keinem jungen Menschen die Teilnahme an unseren Kursen unmöglich sein. Wenden Sie sich an unsere Schulleitung, in Härtefällen sind Honorarermäßigungen möglich.“ Und auch: „Die 1919 eröffnete Tanzschule wird nach den Prinzipien des Gründers durch die dritte Generation der Familie geführt.“

Zur Person:
Prof. THOMAS SCHÄFER-ELMAYER stammt aus der bekannten „Tanzlehrer-Dynastie“ Elmayer und leitet die gleichnamige Tanzschule in Wien. Er ist Autor zahlreicher Benimm-Bücher und gefragter Kommentator bei Fernsehshows.

IM RATHAUS MIT KARL SCHLÖGL
Nachhaltigkeit = Leben und leben lassen

„Was wurde eigentlich aus …?“, ist einerseits eine gern gelesene Rubrik in manchen Zeitungen und andererseits eine Frage, die sich oft auftut, wenn ein Name fällt, der irgendwo vertraut im Ohr oder im Herzen klingt. Es schwingt da immer ein bisschen Wehmut mit, eine nette Erinnerung, ein pompöses Ereignis oder eine irgendwie unbestimmte Vertrautheit. „Was wurde eigentlich aus …?“, fragt man sich besonders gerne bei Menschen öffentlichen Interesses, bei Künstlern, Sportlern oder Politikern, die einmal eine mehr oder weniger große Bühne bespielt haben. Dabei ist nicht entscheidend, wie lange diese Bühnenpräsenz andauerte und wie groß die Bühne war. Manche Menschen bleiben irgendwie im kollektiven und persönlichen Bewusstsein verhaften.

In diesem Kapitel geht es um eine solche Persönlichkeit. Karl Schlögl war Innenminister dieser Republik, strebte im Wettbewerb mit anderen Persönlichkeiten nach höheren Weihen und – blieb in Erinnerung. Für unsere Betrachtungen ist es gänzlich egal, welcher politischen Partei er zuzurechnen ist. Und das ist das Bemerkenswerte. Bemerkenswert ist an solchen Persönlichkeiten auch der Mut zu klaren, aber nicht verletzenden Worten. Der geneigte politische Beobachter weiß einen geraden, orientierten Meinungsweg zu schätzen, auch wenn er ihn nicht teilen mag. Worte und Wege, die eine Richtung haben, machen unverwechselbar.

Heute hat Karl Schlögl keine überregionale Funktion mehr inne. Er ist Bürgermeister in der Wienerwald-Gemeinde Purkersdorf und ist trotzdem – oder gerade deswegen – weiterhin begehrter Gesprächspartner für überregionale Themen. Auf alle Fragen reagiert er frisch und direkt von der Leber weg, ohne krampfhaft abzuwägen, wie eine Aussage ankommen oder interpretiert werden könnte. Trotzdem vermissen seine Worte keineswegs messerscharfe Analytik und lassen ein gerüttelt Maß an Erfahrung und Menschenkenntnis durchblitzen. Klassischen, eingedrillten Politikertalk sind wir anders gewöhnt. Bevor wir mit unserem Gespräch über Nachhaltigkeit so richtig loslegen, bringt Ehefrau Gabi Schlögl noch einen Kaffee und zieht dann leise die Türe hinter sich zu.

„Nachhaltigkeit bedeutet für den Politiker und eigentlich für jeden Menschen, über den Tellerrand hinauszuschauen“, bringt Karl Schlögl das Thema gleich einmal auf den Punkt. Diesen Satz haben wir fast eins zu eins schon von einem anderen ehemaligen Politiker in diesem Buch gehört.

Mit Tellerrand ist für den Politiker Karl Schlögl hier wohl auch die nächste Wahl gemeint. Denn im Schielen auf den nächsten Wahlgang liegt die Gefahr, allzu enge Tellerränder zu ziehen und dabei außer Acht zu lassen, dass Rahmenbedingungen geschaffen werden müssen, die einer ganzen Gesellschaft längerfristig Halt und Perspektive geben können. „Wenn wir die Suppe, die wir uns eingebrockt haben, nicht anfangen auszulöffeln, wird sie bald über den Tellerrand hinausquellen. Wir sind jetzt schon mehr mit dem Aufwischen der verschütteten Suppe beschäftigt, als mit dem Schwingen des Suppenlöffels. Politiker jedoch, die sich getrauen, gewachsene und nicht mehr nachvollziehbare Privilegien zu beschneiden, werden vom Wähler abgestraft“, beobachtet Schlögl. „Klar, wer verzichtet schon gerne auf Privilegien? Aber irgendjemand muss damit anfangen. Ein Teufelskreis. Das Verhältnis zwischen Politik und Wählerschaft wird außerdem immer schwieriger. Politik wird als ‚schmutzig‘ bezeichnet, Politiker werden zu medialem und gesellschaftlichem Freiwild erklärt und zunehmend vom respektvollen Umgang ausgeschlossen. Wen wundert es, dass es immer weniger Menschen gibt, die sich das antun wollen? Jedes Volk hat die Führung, die es verdient! Ein Teufelskreis.“

Respekt und gegenseitige Wertschätzung seien die Ausgangsbasis für jede gedeihliche und eben nachhaltige Entwicklung, betont Karl Schlögl. Vom wertschätzenden Umgang mit den Menschen sei es dann kein großer Schritt zum wertschätzenden Umgang mit der Natur. „Immerhin ist der Mensch ein Teil der Natur.“ Und wieder schließt sich ein Kreis.

Wertschätzung hat für ihn auch mit Toleranz zu tun, also mit der Bereitschaft, Vielfalt zuzulassen. „Vielfalt wiederum verleiht Systemen Stabilität. Das ist nicht nur in der Natur so, sondern auch in der Kultur.“ Purkersdorf –

Schlögl ist dort Bürgermeister – ist dafür ein besonders gelungenes Beispiel. Kultur ist hier das probate Mittel, aus einer reinen Schlafstätte am Rande der Bundeshauptstadt ein echtes Zuhause zu machen. Für die zahlreichen Zuzügler und für jene, die immer schon da gewesen sind.

Kultur lässt die Menschen Gemeinschaft erleben, lässt sie näher zusammenrücken. Auch faktisch. All jene, die einmal bei den legendären Freiluftkonzerten am Hauptplatz dabei waren, wissen, was gemeint ist. Purkersdorf ist eine beliebte Schulstadt, die auch über eine viel frequentierte Musikschule verfügt. 700 Schülerinnen und Schüler werden hier in die Geheimnisse der Musik eingeweiht. Das schweißt zusammen – über alle Alters- und Gesellschaftsschichten hinweg.

In Purkersdorf gibt es 70 Vereine. Ohne ehrenamtlich Tätige wäre keine einzige dieser Einrichtungen lebensfähig. Die Arbeit in einem Verein macht aus einer anonymen Zuzugsgemeinde eine Heimatgemeinde, in der viele Bewohnerinnen und Bewohner Verantwortung für sich und andere übernehmen. „Das Ehrenamt ist der Kitt in unserer Gesellschaft", betont Schlögl. Der Herr Bürgermeister lässt sich bei jeder Gelegenheit und Aktivität immer wieder blicken oder überweist zumindest seinen Beitrag. Bei der örtlichen Feuerwehr hat er die Position eines Löschmeisters inne.

Das Ehrenamt ist der Kitt in unserer Gesellschaft: Es schafft Begegnungen, die sonst nicht stattfinden würden; es entlastet Systeme, die sonst schon zusammengebrochen wären; es schafft Bewusstsein für die Notwendigkeit des Miteinander. Manchmal rückt es sogar Realitäten wieder gerade, die in Schieflage geraten sind, und gibt dem Leben Sinn, der weit über die rein materielle Befriedigung hinausgeht.

Oft sind es die Unbequemen in unserer Gesellschaft, die über den Tellerrand hinausschauen und die Initiative ergreifen und damit zum Ausgangspunkt einer fortschrittlichen Entwicklung werden. Ihre Aktionen haben aber nur dann langfristig Erfolg, wenn sie ehrlich das Wohl der Gemeinschaft im Auge haben und nicht den eigenen Vorteil, weiß Bürgermeister Schlögl aus Erfahrung. „Leben und leben lassen. Die anderen so behandelt, wie man gerne selber behandeln werden möchte“, fasst Schlögl seine Lebensphilosophie zusammen, die er auch anderen wärmstens ans Herz legt.

Die Gemeinde Purkersdorf hat zahlreiche Maßnahmen gesetzt, die als klassisch nachhaltig bezeichnet werden können. Da wäre der sorgsame Blick auf die Energieeffizienz der öffentlichen Gebäude, ein effizientes Beschaffungswesen, die Einrichtung eines Baumkatasters, die möglichst kleinflächige Bewirtschaftung des gemeindeeigenen Waldes. An dieser Stelle ist es mir ein Anliegen zu erwähnen, dass Schlögls Vater den schönen Beruf eines Försters ausübte. So gibt es im Naturpark Purkersdorf auch einen Generationenwald. Das ist eine jüngst aufgeforstete Fläche, die von Kindern unter fachkundiger Begleitung angelegt wurde. Die jungen Forstleute haben auch die Verpflichtung übernommen, das Heranwachsen ihrer Schützlinge zu begleiten und für ihre Bäumchen zu sorgen. Und vielleicht kommen die Kinder dereinst mit ihren eigenen Kindern hierher, um ihr Werk zu bestaunen. Der Gedanke der Nachhaltigkeit, wie er aus der Forstwirtschaft stammt, kann wohl nicht greifbarer gemacht werden. Generationenübergreifendes findet auch im Pflegeheim statt, wo regelmäßig der Kindergarten zu Besuch ist.

Purkersdorf, unmittelbar an der Grenze zu Wien gelegen, ist eine überaus beliebte Wohnstadt. Umso erstaunlicher und bedeutsamer erscheint da doch die Geschichte der sogenannten Feihlerhöhe. Dieses wunderschöne Plätzchen hoch über der Stadt gelegen und doch zentral erreichbar war bereits als wertvolles Bauland gewidmet. Um den grünen Flecken als solchen zu erhalten, erwarb die Stadt das Bauland und setzte die Rückwidmung auf Grünland um. Heute stehen dort Obstbäume mit alten Apfelsorten, die liebevoll gepflegt werden. Für Spaziergänger ist das Fleckchen frei zugänglich und wenn die Bäume dereinst tragen, wird man die Früchte dieser Aktion genießen können.

Karl Schlögl steht in diesem Kapitel stellvertretend für zahllose andere BürgermeisterInnen und PolitikerInnen aller politischen Richtungen, die sich dieses Amt „antun", denen es darum geht, die Menschen miteinander zu „verknüpfen", ihre Ideen zu fördern. Er steht für all diejenigen, die sich für die Sache einsetzen und immer ein offenes Ohr für die noch so kleinen Anliegen haben – und dabei fast nie die Beherrschung verlieren. Er steht für all diejenigen, die an den Stammtischen geduldig Rede und Antwort stehen, während zuhause die eigene Familie ungeduldig wartet. Er steht für alle diejenigen, die es schaffen, gleichzeitig an einer Feuerwehrübung teilzunehmen, den

Geburtstag der Schwiegermutter zu feiern und die Ausstellung im örtlichen Heimatmuseum zu eröffnen. Er steht für alle, denen es gelingt, gleichermaßen Blitzableiter und Funkenmeister zu sein. Er steht für all diejenigen, die mehr für andere wollen als für sich selbst. Nachhaltigkeit ist, wenn wir solchen Menschen das Leben nicht noch zusätzlich schwerer machen.

Zur Person:
KARL SCHLÖGL war Staatssekretär im Bundeskanzleramt und von 1997 bis 2000 Bundesminister für Inneres, danach Landeshauptmannstellvertreter in Niederösterreich. Mit Unterbrechungen durch seine nationalen Ämter ist er seit 1989 Bürgermeister der Wienerwaldstadt Purkersdorf.

IM STAMMHAUS MIT GEXI TOSTMANN
Nachhaltigkeit = Zurück in die Zukunft

Schon längst habe ich die Hunderten T-Shirts, Hosen, Blusen, Röcke, Jacken vergessen, die ich irgendwann einmal im Laufe meines Lebens von der Stange gekauft habe. Bald einmal sind die schicken Dinger im Mistkübel gelandet oder haben als Putzfetzen ihr Ende gefunden. Manche teureren Stücke, die die Mode diktierte, hatten ein rasch nahendes Ablaufdatum und landeten in der Altkleidersammlung, ehe sie die Chance erhielten, ein zweites Mal getragen zu werden. Allerdings gibt es da eine Ausnahme: meine Dirndln. Sie folgen mir seit Jahrzehnten von Lebensstation zu Lebensstation, von einer Wohnung zur nächsten, überlebten Ehen und Lebensabschnittspartner und überdauerten Lebenshöhepunkte und -tiefpunkte. Sie klagen mich an, wenn ich gerade zu dick geworden bin, und belohnen mich mit Freude, wenn das Mieder sich wieder schließen lässt. Die trachtigen Gewänder waren aber manchmal auch Spiegel der Seele und der Zeit. Als „Halbwüchsige", auf der Suche nach einer eigenen Identität, war Tracht zu sehr Uniform, zu wenig individuell, zu einheitlich und verwechselbar – und natürlich zu altbacken. Gereifte Persönlichkeiten hingegen vertragen „Uniform“, weil sie ja bereits selber eine eigene, unverwechselbare Persönlichkeit besitzen und sich damit nicht verleugnen.

Als in meinem Leben Tracht – und speziell Dirndl – gerade wieder einmal „megaout“ war, kämpfte eine Frau mit großem Aufsehen für liberalere Ladenöffnungszeit in unserem Land. Wie und warum sie das tat, hat mich damals zutiefst beeindruckt. Sie stand da, erklärte mit einer entwaffnenden Einfachheit ihren Standpunkt und betonte den Nutzen für alle Beteiligten.

Dr. Gesine Tostmann, von Familie und Medien liebevoll Gexi genannt, marschierte Richtung Verfassungsgerichtshof und gewann. Seit damals dürfen Geschäfte auch an Samstagnachmittagen offen halten. Der allergrößte Gewinn für das Geschäft Tostmann allerdings dürfte die enorme Medienpräsenz gewesen sein, mit der dieser Kampf damals ausgefochten wurde. Eine einzelne Unternehmerin – noch dazu ohne jegliches juristisches Wissen – hatte mit sehr viel Herz, Verstand und Sympathie erkämpft, was ganze Konzerne nicht einmal richtig versucht hatten. Davon reden manche Menschen heute noch. Das Szenarium, das sich dem geneigten Beobachter damals bot, war doch sehr speziell: Eine ausgesprochene Dame mit sehr traditionellem Hintergrund kämpft wie eine Löwin für ein modernes Unternehmertum.

Und erfolgreiche Unternehmerin ist Gexi Tostmann unbestritten ein Leben lang gewesen, obwohl sie behauptet, bis heute keine Bilanz lesen zu können. Die Maxime ihres Unternehmertums lautet nicht Gewinnmaximierung, sondern Schaffung immaterieller Gewinne. Dazu gehört etwa guter und ruhiger Schlaf, für sich selber genauso wie für alle Mitarbeiterinnen und Mitarbeiter sowie Geschäftspartnerinnen und Geschäftspartner. Externe Berater, die ihr Geschäft über einen Kamm scheren wollen, hat sie gelegentlich engagiert, aber nicht, um deren Rat zu befolgen, sondern damit auch ihr Steuerberater gut schlafen kann. Selber Entscheidungen treffen, diese Entscheidungen auch verteidigen und offen dahinterstehen sei die beste Garantie für den Erfolg. Als Grundrezept für das Gelingen nennt sie ganz einfach den guten alten Hausverstand, der zwischen Zahlen und Gefühl klug abzuwägen versteht. Der Hausverstand sagt auch, dass alles im Leben stimmig sein muss. Es gehe nicht, Wasser zu predigen und Wein zu trinken. Diesen Betrug merken die Menschen und sind – zumindest unterschwellig – verstimmt. Eine österreichische Tracht sollte in Österreich mit traditionellen Materialien von kundigen Handwerkerinnen gefertigt werden. Dann entsteht Qualität, die Zeiten und Moden überdauert.

Als wir dieses Gespräch führen, sitzen wir an einem warmen Sommertag auf der Terrasse im Tostmann-Stammhaus in Seewalchen. Die Atmosphäre ist heiter, beschwingt und trotzdem durchdrungen von Geschäftigkeit. Gelegentlich geht die Tür auf und wieder wird das Eintreffen einer Stammkundin gemeldet. Hier gehen nicht nur Blusen, Stutzen, Taschen und Dirndl über den Ladentisch, sondern auch alte Erinnerungen, gemeinsame Vergangenheit und Erfahrungsaustausch. Dazu wird die „Seniorchefin“ dringend gebraucht. Die Stammkundinnen kommen in

Begleitung ihrer Freundinnen, Töchter und manchmal auch Enkeltöchter. Wir steigen hinunter ins Geschäft und tauchen blitzartig ein in eine wohltuende familiäre Atmosphäre. Eine Verkäuferin bedient drei Kundinnen gleichzeitig und schafft es tatsächlich, jeder den Eindruck zu verschaffen, sie wäre die einzige, um die sie sich bemüht. Nein, das ist keine antrainierte, professionelle Freundlichkeit, die ausschließlich auf Profit getrimmt ist. Die Aufmerksamkeit ist ehrlich. Der Respekt im Umgang miteinander geht von der Chefin höchstpersönlich aus. Hier ein freundlicher Blick, da ein aufmunterndes Wort. Halt. An dieser Stelle werde ich ermahnt: Die tatsächliche Chefin ist Tochter Anna, die das Geschäft mit ebenso sicherer und resoluter Hand führt wie ihre Mutter. Handschlagqualität, Verantwortungsgefühl und Zuverlässigkeit sind offenbar erblich.

Im Geschäft schwirren gerade die zahllosen Wünsche der Kundinnen kreuz und quer durch die Räume. Da wie dort wird man zufällig Zeuge davon: eine junge Dame bringt das Hochzeitsdirndl ihrer Großmutter zum Ändern, eine andere möchte nur eine neue Schürze, die nächste lässt ihr Lieblingsdirndl neu verbrämen. Eine Japanerin kommt, um sich ein ganzes Ensemble zu leihen. „Tracht in Pacht" heißt das hier. Warum soll ein solches Prachtstück an Dirndl vielleicht nur einmal getragen werden und dann im Kasten verschwinden. Das wäre doch pure Verschwendung. Verschwendung von Ressourcen, von Arbeitskraft und Freude.

Investitionen müssen sich immer auch lohnen, meint die Hausherrin und zitiert dabei sich selbst: „Lieber ein Dirndl für zehn Tage als zehn Dirndln für einen Tag."

Das mag im ersten Moment wenig geschäftstüchtig klingen. Im zweiten Moment wird aber klar, dass dieses Geschäftsmodell seit Generationen brillant funktioniert. In unserer Wegwerfgesellschaft ist vererbtes Gut etwas ganz Außergewöhnliches und das Bedürfnis, selber etwas Beständiges weiterzugeben oder länger zu besitzen, ist groß. Das Echte und Ehrliche, das nicht kurzlebigen Moden unterworfen ist, hat eben Bestand und rechtfertigt jede Investition quer durch alle Einkommens- und Gesellschaftsschichten. Dabei sei eine Stammkundin zitiert, die dazu meinte: „Ich bin nicht so reich, dass ich mir etwas Billiges leisten kann." Reparieren und adaptieren statt wegzuwerfen hat mit gesunder Sparsamkeit zu tun. Weniger ist eben manchmal doch mehr.

Sparsamkeit hat im Haus Tostmann Tradition. Das wird mir bewusst, als ich mich weiter im Geschäft umsehe und einige der zahlreichen Tostmann-Publikationen zur Hand nehme. Die Resteverwertung der Tostmannstoffe findet – dargestellt in prächtigen Büchern – seine schönste Ausprägung in Patchworkdecken und Fleckerlteppichen. Jedes Stück ein echtes Unikat und ein wahres, individuelles Luxusgut. Das Wissen über diese Handwerkstechnik wird mit Begeisterung weitergegeben. Unmenschlicher Perfektionismus ist dabei aber nicht gefragt. „Nobody is perfect. Perfektionismus macht nur starr, unbeweglich und tötet jede Kreativität. Das Beste geben und dann zum Ergebnis stehen." Mehr ist nach menschlichem Ermessen nicht machbar.

Die Hausherrin nimmt eben „Tuchfühlung" auf und zwar im wahrsten Sinne des Wortes. Mit sanfter Hand streicht sie über die Stoffballen von Leinen, Seide, Wolle. Auf die Herkunft und die Qualität der Stoffe wird genau geachtet. Aber die Wege der Fasern seien manchmal verschlungen, schwer nachvollziehbar, vielfach muss man einfach den Lieferanten vertrauen. Für die Produktion im eigenen Haus legt sie aber die Hand ins Feuer. Ehrlich währt wohl immer noch am längsten.

Hier in diesem Haus ist alles etwas Besonderes, ist wie eine Nische, die sich in eine andere Welt zu öffnen scheint und doch so nahe und unmittelbar ist. Das Handwerk der Trachtenschneiderei wird hier zu einer Klammer zwischen damals und morgen. Es vermittelt die Gewissheit, dass jedes Tun eine stabile Basis im Vergangenen braucht, ohne dabei unmodern zu werden. „Zurück in die Zukunft“ nennt das Gexi Tostmann und „das Wunder der ewigen Wiederkehr“.

Ich verlasse das Haus beschwingt im Herzen und wünsche mir eine baldige Wiederkehr. Hier gibt es noch den Hauch „der guten, alten Zeit“, in der angeblich „alles besser war“, hier lebt die Illusion, dass es eine heile Welt tatsächlich geben könnte. Ein Wunder, das wiederkehrt?

Unser Philosophieren über das Leben im Zeichen der Nachhaltigkeit hat Tage später noch einen Nachhall in einem E-Mail, das mich erreicht. Alles, was wir an diesem Tag in Seewalchen gesagt und gedacht haben, sei richtig, doch kurz zusammengefasst, meint Gexi Tostmann, ginge es doch nur um Zweierlei im Leben: Alles, was das Gewissen und das Herz anschaffen, sei mit Selbstbewusstsein zu verteidigen und dabei auf Gott zu vertrauen. Dann wird sich im Leben alles richtig fügen.

Zur Person:
Dr. GESINE (GEXI) TOSTMANN ist promovierte Volkskundlerin und anerkannte Trachtenexpertin. Ihr umfassendes Wissen ist in zahlreichen Büchern nachzulesen. Ihr auf Trachtenmode spezialisiertes Unternehmen hat sie mittlerweile ihrer Tochter Anna und dem Schwiegersohn Florian Grosser übergeben.

NACH BETRACHTUNG

WIE NACHHALTIGKEIT GELINGEN KANN
Ein Wegweiser

In diesem Buch sind zwanzig völlig unterschiedliche Menschen beschrieben. Mein Anliegen ist aufzuzeigen, dass es jedem Menschen mit gutem Willen möglich ist, seinen ganz persönlichen Beitrag zur Nachhaltigkeit zu leisten, egal in welcher Lebenssituation er sich gerade befindet. Bei näherer Betrachtung der einzelnen Menschenbilder zeigt sich, dass oft gerade schwierige Lebenssituationen Anlass zu Veränderungen gaben und zu Lösungen führten, die langfristig betrachtet als nachhaltig bezeichnet werden können. Die spitzen Steine auf der Nebenstraße haben oft auf die Hauptstraße des Lebens zurück- bzw. hingeführt.

Erstaunlicherweise haben die Wegweiser zur Hauptstraße des Lebens immer wieder in die gleiche inhaltliche Richtung gezeigt. Diese „Wegweiser“ wurden von den Interviewpartnerinnen und -partnern meist sogar mit den gleichen Worten und Eigenschaften „beschriftet“. Einige dieser „Nachhaltigkeitswegweiser“ seien hier zusammenfassend aufgelistet:

Als gute Ausgangsbasis erweist sich in allen Lebenslagen ein gewisses Maß an *Kommunikationsfähigkeit.* Wer offensiv und in guter Absicht auf andere zugeht, öffnet Herzen und vermeidet damit Konflikte. Missverständnisse können bei Zeiten „ausgeredet“ werden und müssen später nicht mühsam „ausgeräumt“ werden. Kommunikation kann immer nur gelingen, wenn der angeschlagene Ton ein hohes Maß an *Wertschätzung* beinhaltet. Böse und verletzende Worte torpedieren fruchtbringende Lösungen, zerstören im schlimmsten Fall dauerhaft und unwiederbringlich die Vertrauensbasis und hinterlassen immer ein schlechtes Gefühl. Die Menschheitsgeschichte ist voll von tragischen Beweisstücken dafür.

Wertschätzung und *Toleranz* hingegen beschleunigen das Aufeinander-Zugehen. Toleranz sollte man aber nicht nur gegen andere walten lassen, sondern auch gegen sich selbst. Verbissenheit und übersteigertes Perfektionsstreben verschrecken jede Seele. Wer andere und sich selbst in ihrer Eigenheit respektiert und nicht ständig hinterfragt, lebt wesentlich befreiter. Das gilt auch für Umstände, die nicht zu ändern sind. Was nützt es, sich über die aktuelle Wetterlage zu ärgern? Wer annimmt, was nicht veränderbar ist, schont seine emotionalen Ressourcen. An dieser Stelle hätte meine Großmutter – Gott hab sie selig – sicher die Geschichte von „Stille Nacht, heilige Nacht“ in den Text hineinreklamiert. Wäre am Weihnachtsabend des Jahres 1818 die kleine Orgel in Oberndorf bei Salzburg nicht unspielbar gewesen, hätten der Dorfschullehrer Franz Xaver Gruber und der Hilfspfarrer Joseph Mohr nicht nach einem Lied mit Gitarrenbegleitung suchen müssen. Das berühmteste aller Weihnachtslieder wäre vielleicht nie entstanden. Auch in der Natur, der Chemie oder der Physik gab es immer wieder „Pannen“, die zu Erfindungen führten, die es auf pannenfreiem Wege nicht oder nicht so schnell gegeben hätte. Beispiele dafür gibt es genug.

Für jede Erkenntnis im Leben braucht es *Ehrlichkeit*. Das Schielen nach Anerkennung, nach Reichtum und Ruhm ist dabei kontraproduktiv. Nur wer die eigenen Talente nutzt, auf die innere Stimme hört und den leitenden Sehnsüchten folgt, wandelt auf der Hauptstraße des Lebens. Menschen, die uns „einfach gut tun", sind dabei die verlässlichsten Helfer. Sie sind unweigerlich die richtigen Wegweiser, sie beflügeln und lenken – vielleicht sogar ohne dass ihnen das selber bewusst ist. Die Ehrlichkeit zu sich selbst zieht aber auch Konsequenzen nach sich. Handeln ist angesagt. Alles, was Geist und Körper schwer oder gar krank macht, muss einer Änderung unterzogen werden. Überholte Gewohnheiten machen bequem und träge. Lebendige Traditionen hingegen geben Halt im „Verwurzeltsein". *Aktivität,* der Wille zur Veränderung, Bewegung und Beweglichkeit sind Ausdruck von selbstbestimmtem Leben. „Only Action brings Satisfaction." Kombiniert mit *Begeisterungsfähigkeit* wird daraus ein geglücktes Leben.

Niemand braucht die Welt alleine zu „retten". Dieser Anspruch würde unweigerlich in die Resignation führen. Wer nicht die Kraft hat, seinen Beitrag für andere zu leisten, sollte zumindest nach *Eigenverantwortung* streben. Schuld für das eigene Versagen und Unwohlbefinden auf andere abzuschieben, führt unweigerlich in eine emotionale Sackgasse und in eine Art inneren Krieg mit der Welt. Das eigene Leben selber in die Hand zu nehmen, macht hingegen stark und bringt dauerhafte, vielleicht auch neue, innovative Lösungen. Menschen, die uns „gut tun", können auch dabei wertvolle Starthilfe leisten. Trotz allem braucht jede Veränderung, jede ehrliche Konsequenz, jeder zu setzende Schritt ganz einfach *Mut*: Mut, Neues auszuprobieren; Mut, mit alten Gewohnheiten zu brechen; Mut, über den eigenen Schatten zu springen. Der Mut wird dann mit Erfolg belohnt, wenn sich die Dinge fügen. *Fügung* ist so etwas wie das „Schmiermittel, das von oben kommt". Fügung ist wie die Bestätigung, auf dem richtigen Weg zu sein. Alles, was hingegen mit Gewalt erzwungen wird, ist nicht von Dauer. Gewalt ist so etwas wie ein kurz aufflammendes Strohfeuer, gemacht aus Eitelkeiten, Gier und Neid. Zwänge und Gewalt führen immer auf eine Nebenstraße. Sie provozieren die – meist heimliche – Suche nach einem Ausweg.

Die Wegweiser zur Nachhaltigkeit haben aber auch eine sehr praktische Seite. Diese kann mit *Sparsamkeit* und *Ordnung* benannt werden. Sparsamkeit meint nicht Sparsamkeit aus Geldmangel. Es meint Sparsamkeit aus der Überzeugung, nicht unnötig Ressourcen verbrauchen zu müssen, sich auf das zu beschränken, was man tatsächlich braucht. Es manifestiert sich im verantwortungsvollen Umgang mit Lebensmitteln genauso wie in der langfristigen Nutzung von Gebrauchsgütern. Qualität geht hier eindeutig vor Quantität. Es heißt nicht umsonst: Wer billig kauft, kauft teuer – und vergeudet zudem Rohstoffressourcen und Arbeitskraft. Lieber ein einziges, fair produziertes T-Shirt zu einem fairen Preis als fünf T-Shirts, die nach dem zweiten Waschgang keine Verwendung mehr finden. Sparsamkeit und Ordnung gehören vielfach zusammen. Wer seinen Kühlschrank anfüllt, bevor er schaut, was noch da ist, wird in der Regel viel dem Mistkübel überantworten müssen. Mit der Menge an Lebensmitteln, die in Wien weggeworfen werden, könnte man eine Stadt wie Graz satt bekommen. Sorgsamer Umgang mit den Ressourcen hilft nicht nur Geld sparen, sondern drückt auch *Respekt* aus, der Natur und den Produzenten gegenüber. Respekt bedeutet aber auch, die Meinung anderer anzuerkennen, selbst wenn man weit davon entfernt ist, diese andere Meinung zu teilen.

Nachhaltigkeit ist zu guter Letzt auch die klare Erkenntnis, dass alles, aber wirklich alles auf dieser Welt mittelbar oder unmittelbar zusammenhängt und ineinander übergeht, sich ergänzt, manchmal sogar multipliziert. Alles im Leben kommt früher oder später reflexartig zum Absender zurück: jeder gute Gedanken, genauso wie jeder schlechte Gedanke; jede gute Tat genauso wie jede schlechte Tat.

„Es geht nicht darum, sich selber Denkmäler zu setzen", sagt einer meiner Interviewpartner in diesem Buch, „es geht darum, seinen Beitrag zu leisten, der über das eigene Leben hinausgeht". Nachhaltigkeit ist also ein zutiefst unegoistisches Prinzip und das ist gleichzeitig auch die ganz große Schwäche dieser Lebenshaltung. Menschen sind nun einmal auch eitel, geizig und neidisch. Alles andere anzunehmen, ist naiv. Vielleicht hilft fürs Erste die Vorstellung, dass alles, was wir tun und denken, auf den Lebensstraßen Spuren hinterlässt. Bewusst geworden ist mir das vor einigen Jahren, als unser Freund Hubert durch

Selbstmord aus dem Leben geschieden ist. Er hatte testamentarisch verfügt, dass nach seinem Ableben nichts auf dieser Welt mehr an ihn erinnern soll. Er wollte keine Totenmesse, keine Trauer, nicht einmal ein Grabstein sollte an ihn erinnern. Faktum ist, Hubert ist für uns seit seinem Tod präsenter als zu Lebzeiten und jetzt steht die Erkenntnis aus seiner Geschichte in diesem Buch. Es ist einfach unmöglich, keine *Spuren* zu *hinterlassen.* Kein Leben, und sei es noch so „unbedeutend“, ist auslöschbar. Jeder von uns hinterlässt Gedanken, Worte und Werke, die irgendwo in irgendjemandem – so oder so – weiterwirken.

Schlussendlich zielt aber doch alles darauf ab, den Sinn des eigenen Lebens zu finden. „Der Sinn des Lebens besteht darin, Bäume zu pflanzen, unter deren Schatten man nicht mehr selber sitzen wird“, sagt der amerikanische Schriftsteller Nelson Henderson. Es geht im Leben nicht darum, das Maximum für sich selber herauszuholen. Es geht darum, Bäume zu pflanzen, die in die Zukunft wachsen. Zugegeben, das ist eine Kunst. Probieren Sie es trotzdem aus! Es macht nämlich glücklich. Nicht mehr und nicht weniger.

Und was ist IHR Beitrag zur Nachhaltigkeit?